智能优化算法理论与应用

胡 洁 著

中国出版集团

世界图书出版公司

广州·上海·西安·北京

图书在版编目(CIP)数据

智能优化算法理论与应用/胡洁著.
—广州:世界图书出版广东有限公司,2015.5(2025.1重印)
ISBN 978-7-5100-9755-3

Ⅰ.①智… Ⅱ.①胡… Ⅲ.①最优化算法-研究 Ⅳ.①O242.23

中国版本图书馆 CIP 数据核字(2015)第 114814 号

智能优化算法理论与应用

责任编辑	李汉保	
封面设计	梁少玲	
版式设计	白 杨	
出版发行	世界图书出版广东有限公司	
地 址	广州市新港西路大江冲25号	
电 话	020-84459702	
印 刷	悦读天下(山东)印务有限公司	
规 格	787mm×1092mm 1/16	
印 张	14.5	
字 数	260 千字	
版 次	2015年5月第1版 2025年1月第3次印刷	
I S B N	978-7-5100-9755-3/TP · 0025	
定 价	78.00元	

内 容 简 介

　　本书是在作者的博士学位论文（《细菌觅食智能优化算法的改进及应用研究》）基础上继续丰富完善而成的。它以细菌觅食优化算法（Bacteria Foraging Optimization，BFO）为主线，涉及了很广泛的一类智能优化算法。本书系统介绍了遗传算法、蚁群算法、粒子群算法、人工鱼群算法以及神经网络技术的理论、实现技术和最新研究进展，并阐述了作者在这些算法方面的研究成果。着重阐述了细菌觅食算法的基本原理和多种改进策略，并结合损伤诊断、动力学系统参数辨识等问题给出了算法的数值实验结果。

　　本书可供人工智能、计算机科学、管理科学、信息科学、自动化、计算科学等相关领域的研究人员和工程技术人员参考使用。

前　言

20 世纪 80 年代以来,生产过程朝着大型、连续、综合化的方向发展,形成了复杂的生产过程,各类工程问题的优化计算越来越成为人们急需解决的问题。优化作为一个重要的学科分支一直受到人们的广泛重视。它广泛应用于工业、农业、国防、工程、交通、金融、化工、能源、通信等许多领域,如在系统控制、模式识别、生产调度、计算机工程等许多领域中产生了巨大的经济效益和社会效益。工程过程的最优化对提高效率和效益、节省资源具有重要作用。应用实践表明,在同样条件下,经过优化技术的处理,对系统效率的提高、能耗的降低、资源的合理利用及经济效益的提高等均有显著的效果,而且随着处理对象规模的增大,这种效果也更加显著。这对国民经济的各个领域来说,其应用前景是巨大的。优化方法的理论研究对改进算法性能、拓宽算法应用领域、完善算法体系同样具有重要作用。也就是说,优化理论与算法的研究是一个同时具有理论意义和应用价值的重要课题。

随着人类生存空间的扩大,实际工程中的优化问题越来越复杂,传统的优化算法已无能为力,无论是在计算速度、收敛性、初值敏感性等方面都远不能满足要求,因此,对高效的优化方法的需求日益迫切。随着仿生学、遗传学和人工智能科学的发展,从 20 世纪 70 年代以来,遗传算法、模拟退火算法、禁忌搜索算法、免疫算法、蚁群算法、粒子群算法、人工鱼群算法和细菌觅食算法等智能优化方法被陆续提出并逐渐应用于各类复杂的大规模优化问题。这些智能优化算法中仅涉及各种基本的数学操作,计算相对简单。另外,其数据处理过程对 CPU 和内存的要求也不高。更为重要的是,智能优化算法大多具有潜在的并行性和分布式特点。这些特点为处理大量的以数据库形式存在的数据提供了技术保证。因此,无论是从理论研究的角度考虑,还是从应用研究的角度考虑,针对传统优化算法遇到的难点,研究智能的优化方法来解决这些问题都是具有重要学术意义和现实价值的。

目前经典智能算法的改进和应用研究比较广泛,研究者针对各种具体问题提出了大量对经典算法的改进,使得这些智能优化算法得以适应各个领域的需求。

但是对于各种智能优化算法的理论研究工作还相对有限。其中,相对而言,遗传算法的理论研究更加完整一些,但是即使如此,遗传算法的理论研究工作还有待于进一步深化。而细菌觅食优化算法提出最晚,目前国内外的研究尚处于起步阶段,其研究成果最少。鉴于国际上智能优化算法的研究热潮和作者近年来的学术研究成果,本书主要介绍较具代表性的智能优化算法的理论和应用。

全书共分8章。其中第1章至第5章系统描述了遗传算法、蚁群算法、粒子群算法和人工鱼群算法的理论、实现技术以及最新研究进展,并阐述了作者在这些算法方面的研究成果。第6章至第8章是本书的重点,也是本书的特色所在,着重阐述了细菌觅食算法的基本原理和各种改进策略,并应用于动力学系统参数辨识等问题,给出了算法的数值实验结果。

感谢湖北省教育厅科研项目(Q20141305)和长江大学基础学科科学研究发展基金(2013cjp18)的支持。特别感谢我的父母在我求学和工作时的大力支持与帮扶,满目青山夕阳照,深秋黄花晚更香,在此,恭祝二老:幸福安康,寿比南山松!

书中不妥之处,敬请不吝指正共勉之。

作 者

2015 年 3 月 10 日

于长江大学

目　录

第1章 绪 论

"智能"可以认为是智能自动化的简称。那么"智能"从何而来？只能从模拟人和其他生物的智能而来。从模拟大脑的模糊逻辑思维建立了模糊逻辑；从模拟大脑神经系统建立了人工神经网络；从模拟人类进化过程建立了遗传算法；从模拟人工免疫系统建立了人工免疫算法；从模拟蚂蚁的寻径行为建立了蚁群优化算法；从模拟鸟群捕食行为提出了粒子群优化算法等。这些算法都具有模拟智能及优化的特点。因此，这种通过软件计算形式的模拟智能又被称为计算智能、智能计算或智能优化算法。

1.1 研究背景与意义

人类一切活动的本质不外乎是"认识世界、建设世界"。认识世界靠的是建设模型；建立世界靠的是优化决策，所以"建模与优化"可以说无处不在，它们始终贯穿在一切人类活动的过程之中。

随着社会的文明与进步，国防、工业、农业、金融、能源、通信、交通等各个领域为了提高系统效率、降低能耗、合理利用资源、提高经济效益等，都在积极应用各种优化技术，将自身领域的问题进行合理优化设置与计算。应用实践表明，优化技术已在许多领域中产生了巨大的经济效益和社会效益，而且随着处理对象规模的增大，这种效果也更加显著。这对国民经济的各个领域来说，其应用前景是巨大的。优化方法的理论研究对改进算法性能、拓宽算法应用领域、完善算法体系同样具有重要作用。也就是说，优化理论与算法的研究是一个同时具有理论意义和应用价值的重要课题。

然而，实际应用中的优化问题越来越复杂，往往所得到的优化命题都具有方程数多、变量维数高、非线性强等特点，从而使得相关变量的储存、计算及命题的求解都相当困难。这就需要人们寻求一个强有力的优化工具来进行求解。然而，以往的经典优化算法无论是在计算速度、收敛性、初值敏感性等方面都远不能满足要求，已无力解决这样的大型问题，而基于计算智能的优化方法则易于实现。

智能优化方法的优势主要有三点：第一，由于算法中仅涉及各种基本的数学操作，所以计算相对简单。第二，其数据处理过程对 CPU 和内存的要求也不高。第三，智能优化方法大多具有潜在的并行性和分布式特点。这些特点为处理大量的以数据库形式存在的数据提供了技术保证。因此，无论是从理论研究的角度考虑，还是从应用研究的角度考虑，针对经典优化算法遇到的难点，研究智能优化方法来解决这些问题都具有重要的学术意义和现实价值。

智能优化算法中最具代表性的算法是 20 世纪 70 年代源于达尔文自然选择学说和孟德尔遗传变异理论的遗传算法（Genetic Algorithm，GA）。近年来，人们从大自然和生物生命演化过程中受到启示，从事仿生算法的研究，开创了探索优化方法的新途径。智能仿生算法，以其智能高效的寻优能力和适用的广泛性受到了研究者的关注，涌现了一系列群体智能仿生优化算法，如：Dorigo 等学者通过模拟蚂蚁的寻径行为于 1991 年提出了蚁群优化算法（Ant Colony Optimization，ACO）；Eberhart 和 Kennedy 通过模拟鸟群捕食行为于 1995 年提出了粒子群优化算法（Particle Swarm Optimization，PSO）；李晓勇通过模拟鱼群觅食行为于 2002 年提出了人工鱼群优化算法（Artificial Fish School Algorithm，AFSA）。这些算法被广泛应用于工程领域并取得了显著的成果。随着智能优化算法的蓬勃发展，Passino 于 2002 年提出了模拟人类大肠杆菌觅食行为的细菌觅食优化算法（Bacteria Foraging Optimization，BFO），为仿生进化算法家族增添了新成员。

1.2 智能优化算法及其国内外研究现状

从 20 世纪 70 年代以来，智能优化算法因其高效的优化性能、无需问题特殊信息等优点，逐渐受到各领域广泛的关注和应用。典型的最新智能优化算法包括遗传算法、粒子群优化算法、蚁群优化算法、人工鱼群算法和细菌觅食优化算法等。这些算法在广泛的工程领域中都已经取得了显著的成功。尤其是对于大规模优化问题，传统的基于数学规划的方法遇到了计算时间上的困难。此时，智能优化算法作为可以在较短时间内获得最优解（或者次优解）的优化工具获得了广泛的应用和认同。智能优化算法逐渐形成了现代优化算法领域的研究热点。目前经典智能算法的改进和应用研究比较广泛，研究者针对各种具体问题提出了大量对经典算法的改进，使得这些智能优化算法得以适应各个领域的需求。但是对于各种智能优化算法的理论研究工作还相对有限。其中，相比较而言，遗传算法的理论研究更加完整一些。但是即使如此，遗传算法的理论研究工作还有待于进一步深化。

目前智能优化算法的研究呈现出三大趋势：一是对经典智能算法的改进和广泛应用，以及对其理论的深入研究；二是开发新的智能工具，拓宽其应用领域，并为其寻求理论基础；三是经典智能算法与现代智能算法的结合，建立混合智能算法。

1.2.1 遗传算法(Genetic Algorithm,GA)

遗传算法是一种模拟自然选择和遗传机制的优化方法。20 世纪 60 年代初期，Holland 教授开始认识到生物的自然遗传现象与人工自适应系统行为的相似性。他认为不仅要研究自适应系统本身，也要研究与之相关的环境，因此，他提出在研究和设计人工自适应系统时，可以借鉴生物自然遗传的基本原理，模仿生物自然遗传的基本方法。1967 年，他的学生 Bagley 在博士论文中首次提出了"遗传算法"一词。到 20 世纪 70 年代初，Holland 教授提出了"模式定理"(schema theorem)，一般认为是遗传算法的基本定理，从而奠定了遗传算法的基本理论。1975 年，Holland 出版了著名的《自然系统和人工系统的自适应性》一书，这是第一部系统论述遗传算法的专著。因此，也有学者把 1975 年作为遗传算法的诞生年。

1985 年，在美国召开了第一届两年一次的遗传算法国际会议，并且成立了国际遗传算法协会。1989 年，Holland 的学生 Goldberg 出版了《搜索、优化和机器学习中的遗传算法》一书，总结了遗传算法研究的主要成果，对遗传算法作了全面而系统的论述。一般认为，这个时期的遗传算法从古典时期发展到了现代阶段，这本书则奠定了现代遗传算法的基础。

遗传算法是建立在达尔文的生物进化论和孟德尔的遗传学说基础上的算法。其核心与精髓是自然选择法则——适者生存。在核心法则的作用下，遗传算法通过选择、交叉、变异等遗传操作的更替来完成问题的寻优。遗传从一组初始可行解出发，在不需要除目标函数之外的其他信息的条件下实现对可行域的全局高效搜索，并以概率 1 收敛到全局最优解。这种良好的特性使算法在组合优化领域获得了成功的应用，并成为计算智能领域研究的热点。随着科学技术的进步，问题的规模不断扩大，复杂度、难度增加，对 GA 求解质量和运行速度都提出了更高的要求，GA 在处理这些问题时往往都显得"力不从心"。

遗传算法的主要任务是设法产生能够充分表现出解空间中的解的优良个体，

从而提高算法效率并避免早熟收敛现象。但是,往往在遗传算法的实际应用中,容易出现早熟收敛和后期搜索速度慢以及局部搜索能力较差等缺点。对这些问题,自 Holland 提出标准的遗传算法后,众多学者在理论和工程各个领域对其进行了进一步研究和改进,使遗传算法得到了长足的发展。

国外,对于复制操作,1975 年 De Jong 针对回放式随机采样复制具有较大的选择误差这一缺点,提出了无回放式随机采样复制以降低选择误差。1981 年 Brindle 在 De Jong 的研究基础上,提出了一种无回放式余数随机采样复制使得选择误差更小、采样操作更简单。1992 年 Back 针对搜索效率低这一缺陷,提出了与适配值大小无关的均匀排序策略和全局收敛的最优串复制策略,仿真结果表明不适于非线性较强的问题。对于交叉操作,1975 年 De Jong 提出了单点交叉算子和多点交叉算子;1985 年 Smith 提出了循环交叉算子;1989 年 Syswerda 提出了双点交叉算子;1991 年 Starkweather 等学者提出了增强边缘重组算子。此外,常用的交叉算子还有序号交叉、置换交叉、启发式交叉等。在变异操作方面,主要有自适应变异、多级变异等改进。此外,一些高级的基因操作也得到了发展和应用,譬如双倍体和显性遗传、倒位操作、优先策略、静态繁殖和没有重串的静态繁殖等。

在函数优化方面,1975 年 De Jong 提出“聚集”思想,根据群成员中的相似性替换群体中的部分个体,从而将某些个体聚集于各个群集中,然后在各个群集中分别求解问题的局部解。1989 年 Goldberg 引入“分享”思想,首先将解空间分成若干个子空间,然后在子空间中产生子群体分别进行优化,以求得整个问题的解,避免算法仅收敛到局部最优解。然而,De Jong 和 Goldberg 所提出的方法对于解是随机分布的情况就不易奏效,因而应用起来还有一定的局限。针对该问题,1995 年孟庆春等学者提出门限变换思想,在选择个体进入下一代时,引入门限变换函数将某些优良个体周围的个体传到下一代,以达到增优除劣的目的,从而避免搜索的盲目性。

国内,陶卿等学者结合遗传算法的全局搜索和约束区域神经网络的局部搜索,提出基于约束区域神经网络的动态遗传算法。何新贵等学者,将适应值函数加入到函数在搜索点的函数值及其变化率中,使得按概率选择的染色体不但具有较小的函数值,而且具有较大的函数变化率值,大幅提高了算法的收敛速度。张良杰等学者通过引入 i 位改进子空间概念,采用模糊推理技术确定选取突变概率的一般性原则。Liu Li 用模糊规则对选择概率和变异概率进行控制,在线改变其值。侯广坤等学者讨论了并行遗传算法的迁徙现象和群体规模估算模型,分析了迁徙的过程,揭示了迁徙的实质,并提出了基于理想条件的迁徙计算模型,且导出了粗粒度并行遗传算法进化质量估算模型。

此外,国内外学者还提出了基于遗传算法的混合算法。如:模拟退火遗传算法、免疫遗传算法、小生境遗传算法、模糊遗传算法、混沌遗传算法、量子遗传算法,还有将蚁群优化算法、粒子群优化算法与遗传算法结合的混合遗传算法。

总体来看,国内外关于遗传算法的研究兴趣可能已达到饱和,理论研究已经比较成熟。另外,就目前研究现状来看,很难在原有的基础上得出更多新的成果。

1.2.2　蚁群优化算法(Ant Colony Optimization Algorithm,ACO)

蚁群优化算法最早是由意大利学者 Marco Dorigo 受到真实蚁群的觅食机制的启发,于 1991 年在其博士论文中提出的一种新的进化计算方法。后期工作则是 Marco Dorigo 与其合作同事们在比利时布鲁塞尔自由大学研究期间陆续展开。

早期的研究成果大多是该研究团队在欧洲的一些小型专业研讨会及其会议录上所发表的,世界各地对此了解并不多。最早在正规专业期刊上发表这方面成果的是:Colorni(Marco Dorigo 的博士生导师)等学者发表于《比利时运筹学学报》1994 年第 1 期上的"Ant System for Job-shop Scheduling",Colorni 等学者发表于《国际运筹学汇刊》1996 年第 1 期上的 "Heuristics From Nature for Hard Combinatorial Optimization Problems",以及 Dorigo 等学者发表于《IEEE 系统、人、控制论汇刊》1996 年第 1 期上的"Ant System:Optimization by a Colony of Cooperating Agents"。此后,蚁群优化算法逐渐引起了世界众多国家专家学者的关注,使其应用领域得到了快速拓广。1998 年 10 月,首届蚂蚁优化国际研讨会于比利时布鲁塞尔自由大学召开。此后,几乎每年都召开一次这样的国际会议并出版会议录,吸引了来自世界各个国家的同行,还为蚁群优化算法开设了专题小组讨论和研习班。进入 21 世纪后的最近几年,Nature 曾多次对蚁群 Chinese Journal of Nature 的研究成果进行报道,Future Generation Computer Systems 和 IEEE Transactions on Evolutionary Computation 也分别于 2000 年和 2002 年出版了蚁群优化算法特刊。如今,在国内外许多学术会议和期刊上,蚁群优化算法已经成为一个备受关注的研究热点和前沿性课题,其研究人员和研究成果均成几何级数增长。

蚁群优化算法自提出以来,以旅行商问题(Traveling salesman problem,TSP)为测试基准,与其他一些常用启发式方法作了一系列的比较。对若干典型的对称型和非对称型 TSP 问题,先后采用了模拟退火法、遗传算法、神经网络、进化规划、遗传退火法、插入法、禁忌搜索法、边交换法等多种算法进行求解,除了 Lin-Kernighan 的局部改进法之外,蚁群优化算法优于其他的所有方法。在 TSP 问题之后,蚁群优化算法求解了经典的二次分配问题(QAP),测试数据来自著名的二次分配问题算例库 QAPLIB,所得结果也相当令人满意。随后,工件排序、图着色、车辆调度、大规模集成电路设计、通讯网络中的负载平衡等一系列问题相继得到测试、求解和应用。

在标准的蚁群优化算法问世后不久,人们就开始对其设计了各种改进措施。首先出现的是将蚁群优化算法与 Q 学习算法结合而成的 Ant-Q 算法,其中利用了多个人工蚂蚁的协同效应。其后,德国学者 Stützle 和 Hoos 提出了最大最小蚂蚁系统(Max-Min ant system,MMAS),在求解 TSP 中获得了更好的效果。在此基础上,Bilchev 等学者又提出了一种连续型蚁群优化算法,在求解问题时先利用遗传算法对解空间进行全局搜索,然后再使用蚁群优化算法对所得结果进行局部优化。Dré 等学者提出了一种基于密集非递阶的连续交互式蚁群优化算法(continuous interacting ant colony algorithm,CIACA),该算法通过修改信息素的留存方式和行走规则,以及运用信息素交流和直接通讯来指导蚂蚁寻优。

国内,1997 年 11 月,吴庆洪等学者受到遗传算法中变异算子的启发,提出了一种具有变异特征的蚁群优化算法,这是国内学者对蚁群优化算法所作的最早改进。高尚等学者基于网格划分策略,并利用网格每一点的信息提出了一种连续域蚁群优化算法。在此基础上,段海滨等学者提出了一种基于网格划分策略的自适应连续域蚁群优化算法。Li 等学者将遗传算法中的编码方法、精英策略融入到蚁群优化算法中,提出了一种连续域自适应蚁群优化算法。陈崚等学者将所求问题解的每个分量的可能值组成一个动态的候选组,并记录候选组中每个可能值的信息量,进而提出了一种基于交叉变异操作的求解连续域优化问题的蚁群优化算法。杨勇等学者提出了一种嵌入确定性搜索蚁群优化算法,该算法在全局搜索过程中利用信息素强度和启发式函数确定蚂蚁的移动方向,而在局部搜索过程中嵌入了确定性搜索,以提高寻优精度、加快收敛速度。张勇德等学者将信息素交流和基于全局最优经验指导这两种寻优方式相结合,提出了一种用于求解带有约束条件的多目标函数优化问题的连续域蚁群优化算法,即保存当前发现的所有非支配解,再用这些解来指导蚂蚁朝着分布较为稀疏的区域进行寻优,既保证了解的分布性能,又提高了算法的收敛速度。

　　回顾蚁群优化算法自创立以来 20 年的发展历程,目前人们对蚁群优化算法的研究已由当初单一的 TSP 领域渗透到了多个应用领域,由解决一维静态优化问题发展到解决多维动态组合优化问题,由离散域范围内研究逐渐拓展到了连续域范围内研究,并且在蚁群优化算法的硬件实现上取得了突破性进展,同时在蚁群优化算法的模型改进及与其他智能优化算法的融合方面也取得了相当丰富的研究成果,从而使这种新兴的智能优化算法展现出前所未有的勃勃生机,并已经成为一种完全可以与遗传算法相媲美的智能优化算法。

1.2.3　粒子群优化算法(Particle Swarm Optimization Algorithm,PSO)

　　粒子群优化算法是由社会心理学家 Kennedy 和 Eberhart 博士在 1995 年共同提出的一种新的模仿鸟类群体行为的智能优化算法,现已成为进化算法的一个新的重要分支,适用于求解大量非线性、不可微和多峰值的复杂优化问题。该算法通过初始化一群随机粒子(每个粒子代表着一个可能解),并利用迭代方式,使每个粒子向自身找到的最好位置和群体中最好粒子靠近,从而搜索最优解。

　　由于标准 PSO 的参数是固定的,在某些函数的优化问题上精度较差。后来 Shi 提出了惯性因子 w 线性递减的改进算法,使算法在搜索初期具有较大搜索能力,而在后期又能够得到较精确的结果,此改进大大提高了标准 PSO 算法的性能。2001 年 Shi 又提出了自适应模糊调节 w 的 PSO 算法,在对单峰函数的处理中取得了良好的效果。Chatterjee 等学者提出基于非线性变化惯性权重的 PSO 算法,提高了算法的收敛速度。Clerc 提出收缩因子的概念,以确保 PSO 算法的收敛。Van den Bergh 通过使粒子群中最佳粒子始终处于运动状态,得到保证收敛到局部最优的改进算法,但其性能并不佳。Kenndy 等学者通过研究粒子群的拓扑结构,分析粒子间的信息流,提出了一系列的粒子领域拓扑结构,并在测试函数上分析了它们对算法性能的影响。借鉴遗传算法的思想,Angeline 将选择算子引入到 PSO 中,选择每次迭代后的较好的粒子并复制到下一代,以保证每次迭代的粒子群都具有较好的性能。Arumugam 等学者引入变异机制改进 PSO 算法,提高算法的收敛性能。Higashi 也提出了变异 PSO 算法,希望通过引入变异算子跳出局部极值点,从而提高算法的全局搜索能力。Baskar 等学者提出了协同 PSO 算法,通过使用多群粒子分别优化问题的不同维。Al-Kazemi 提出了 Multi-Phase PSO 算法,通过随机选取部分粒子个体飞向全局最优而其他个体飞向反方向,以扩大搜索空间。

　　国内,徐星等学者把热力学中的扩散现象引入到 PSO 算法,提出了基于扩散机制的双种群粒子群优化算法(DPSO),实验结果表明在典型的多峰、高维函数的优化问题上,DPSO 比标准 PSO 具有更高的性能。针对标准 PSO 算法容易出现早熟的情况,陆克中等学者提出了保持粒子活性的改进粒子群优化算法(IPSO),当粒子失活时,对粒子进行变异或扰动操作,重新激活粒子,使粒子能够有效地进行全局和局部搜索;王建林等学者提出了群能量恒定的粒子群优化算法(SEC-PSO),算法根据粒子内能进行动态分群,对较优群体采取引入最差粒子的速度更新策略,对较差群体采取带有惩罚机制的速度更新策略,由其分担由于较优群体速度降低而产生的整群能量损失,从而有效地避免了 PSO 算法的早熟;蔡昌新等学者提出了一种带邻近粒子信息的粒子群优化算法,该算法中粒子位置的更新不仅包括自身最优和种群最优,还包括距离粒子目前位置最近的其他粒子的最优信息,数值仿真结果表明该方法对多峰函数的优化性能有显著提高。林楠提出了一种种群动态变化的多种群粒子群优化算法,当算法搜索停滞时,把种群分裂成两个子种群,通过子种群粒子随机初始化及个体替代机制增强种群多样性,两个子种群并行搜索一定代数后,通过混合子种群来完成不同子种群中粒子的信息交流,收敛性分析表明,本算法能以概率 1 收敛到全局最优解。秦全德在分析生物共生关系的基础上,将兼性寄生行为机制嵌入 PSO 中,构建了一种由宿主群和寄生群两个种群组成的 PSO 算法,有效改进了标准粒子群优化算法。

　　除以上的改进算法之外,还出现了量子 PSO、模拟退火 PSO、耗散 PSO 等混合改进算法,也有采取 PSO 与基于梯度的优化方法相结合的办法等。

　　PSO 算法最直接的应用就是函数的优化,特别是各种复杂的优化问题,例如,函数受到严重的噪音干扰而呈现非常不规则的形状、TSP 问题、多目标优化问题,等等。一般而言,PSO 同其他进化算法一样,能用于求解大多数优化问题.在这些领域中,最具潜力的有多目标优化、系统设计、分类、模式识别、信号处理、决策制定、模拟和证明等。

　　PSO 算法是一个新的基于群体智能的进化算法,其研究远没有遗传算法那么深入,在理论上并不能保证一定能够得到最优解。PSO 算法在进行优化问题的求解时应用范围有限,尤其对离散的组合优化问题,其理论建模还处于起步阶段。PSO 算法中的一些参数,如学习因子 c_1,c_2,惯性权重 w 以及种群大小,往往根据应用经验确定,并不具有广泛的适应性。因此将 PSO 与进化算法、模糊系统、神经网络以及一些优化技术结合,根据不同的优化问题建立相应的 PSO 模型是 PSO

算法当前的研究重点。

1.2.4　人工鱼群优化算法(Artificial Fish School Algorithm,AFSA)

人工鱼群优化算法是国内学者李晓磊博士于 2002 年在其学位论文中提出的一种群智能算法。该算法从构造动物简单的底层行为做起,通过个体的局部寻优,最终在群体中找到全局最优解。算法的生物原理是:一片水域中,鱼类一般能找到富含营养物质的地方并聚集成群,而且在这个过程中,没有统一的协调者,只是通过每条鱼个体的自适应行为达到。人工鱼群算法采用了自下而上的设计思路,从最底层的鱼的动作开始展开,整个算法没有集中控制,也不需要关于问题的先验知识,目标函数也不需要连续、可导等条件,因此是一种适应力很强的群智能算法。与其他的群体智能算法一样,人工鱼群算法也具有并行性,自组织性和鲁棒性。

在搜索过程中,AFSA 具有快速跟踪极值点漂移的能力,可以很快地跳出局部极值点,但是仅能获得问题的最优解域,对于精确解的获取,可以通过加入局部搜索算法的思想加以改进。另外,当人工鱼个体数目较少时,AFSA 不能体现其快速有效的群体优势。标准的 AFSA 主要用于连续空间的优化问题,不需要了解问题的特殊信息,只需要对问题进行优劣比较,简单易于实现,但是也容易陷入无目的的随机移动中并且搜索精度不高。此外,AFSA 的数学基础比较薄弱,目前还缺乏具有普遍意义的理论分析。

人工鱼群算法提出之后,虽然没有如蚁群优化算法、粒子群优化算法那样获得世界范围内的关注,但是在国内,还是得到了一些发展。2003 年,李晓磊等学者将生存机制、竞争机制以及分解协调概念引入 AFSA,结果表明该方法有较好的收敛性和对初值、参数均不敏感的优点;张梅凤等学者将变异算子和模拟退火的概念引入 AFSA,明显提高了算法的效率和求解质量。人工鱼群算法能够较好地解决非线性函数优化等问题,但对离散问题却无能为力。李晓磊等学者提出了一种解决组合优化问题的离散型 AFSA,并将其应用于旅行商问题(TSP)的求解,取得了较好的结果。离散 AFSA 扩展了人工鱼群算法的应用领域,让人们看到了AFSA 在一类组合优化问题中的应用前景。

在人工鱼群算法的应用方面,黄光球等学者提出用鱼群算法求解多级递阶物流中转运输系统优化问题。马建伟等学者把 AFSA 用于三层前向神经网络的训练过程,建立了相应的优化模型,并与加动量项的 BP 算法、演化算法以及模拟退火算法进行对比,结果表明 AFSA 具有较快的收敛速度,能够达到较小的均方误差值,是一种很有潜力的神经网络训练算法。李晓磊等学者提出了一种基于 AFSA 的全局搜索参数估计算法,解决了最小二乘算法难以处理的时滞在线参数辨识问题,为系统辨识和基于辨识的控制系统分析与设计提供了新途径。同年,李晓磊等学者又提出了基于 AFSA 的鲁棒 PID 控制器参数整定方法,并对典型问题进行了仿真研究,结果表明,AFSA 能够快速对鲁棒 PID 的参数进行整定,整定后的 PID 控制器具有更好的控制效果。刘耀年等学者依据 AFSA 的神经网络,提出了一种短期负荷预测的新方法,并将其应用于电力系统,结果表明该方法具有预测精度高、误差小的优点,是值得广泛推广的好方法。刘双印提出免疫人工鱼群算法(IAFSA)并用于神经网络训练,显著提高了 BP 网络的学习精度、收敛速度和泛化能力。

总之,AFSA 是一种新型的基于群体的优化工具,具有良好的取得全局极值的能力,并具有对初值、参数选择不敏感、鲁棒性强、简单、易于实现等诸多优点。但也存在一些缺陷,如:该算法搜索精度不高,后期收敛慢等,同时还由于 AFSA 的研究尚处于初期,其理论基础和工程应用的深度和广度也有待于进一步研究。

1.2.5　细菌觅食优化算法(Bacteria Foraging Optimization, BFO)

细菌觅食算法是由 Passino 于 2002 年提出来的一种智能随机搜索算法,其生物学基础是人类肠道中大肠杆菌在觅食过程中体现出来的智能行为。细菌的觅食行为具有四个典型的模式,分别为趋向性行为、聚集性行为、复制行为和迁徙行为。

由于 BFO 算法提出较晚,目前国内外的研究尚处于起步阶段(国内的研究于 2007 年才开始),研究成果还很少,理论也不成熟,因此 BFO 算法的理论和应用研究都迫切需要开展。迄今为止,关于 BFO 算法的研究主要集中在以下几个方面:

1. 算法操作的改进

实施优化的关键步骤是算法操作,设计优良的操作对改善算法性能和效率具有重大作用。目前,国内外的研究工作者仅对标准 BFO 的趋向性操作进行了改进。2007 年,梁艳春等学者对趋向性操作进行改进并提出了两种新的基于个体信息和基于群体信息的搜索策略。在趋向操作过程中,游动步长 C 是直接影响算法性能的重要参数,又标准 BFO 使用固定的步长 C 不利于算法的收敛,因而如何对其进行改进吸引了国内外一批研究工作者,并且小有成果。

国外,Mishra 于 2005 年提出了模糊细菌觅食算法(Fuzzy Bacterial Foraging,FBF),用 Takagi-Sugeno 型模糊推理机制选取最优步长。但是,FBF 的性能完全依赖于隶属函数和模糊规则参数的选择,除了反复实验以外,对于一个给定问题,还没有一个系统的方法来决定这些参数的取值,因此该算法在实际应用中不具备通用性。于是,Datta 和 Mishra 等学者于 2008 年提出用自适应增量调制来控制步长,他们证明这个方法更简单、更适合在优化问题中使用。同年,Dasgupta 和 Biswas 等学者提出了基于自适应步长机制的改进 BFO 算法,并于下年理论分析了使用自适应机制的步长对算法收敛性和稳定性的影响。

国内,陈瀚宁等学者分析了步长 C 对 BFO 局部开采和全局探索能力的影响,即步长 C 大时,算法的全局探索能力强;步长 C 小时,算法的局部开采能力强。由此他们于 2008 年提出自适应趋向性步长,并利用步长 C 的特点提出了协同细菌觅食算法。通过对特定测试函数的寻优,并与标准 BFO、PSO、GA 算法进行比较,结果表明改进算法取得了不错的效果,但是这些改进算法没有用于求解复杂的多峰问题来验证其性能。

2. 算法自身其他方面的改进

BFO 算法自身除了对趋向性操作进行改进外,还有许多有意义的改进,如:动态环境中的 BFO、种群大小变化的 BFO、改进适应值函数计算的 BFO。

动态环境中的 BFO:2006 年,Tang 等学者在变化的环境中对细菌觅食行为进行建模,通过该模型反映出个体细菌觅食行为和小种群的演化过程,并形成了细菌趋向性操作算法。

种群大小变化的 BFO:2007 年,Li 等学者提出种群大小变化的细菌觅食算法,在该算法中,给细菌设置年龄上限,每经过一次适应值评估后,细菌的年龄就增长一岁,当细菌的年龄达到设置的上限时该细菌就会死亡,这样在细菌觅食过程中每一代的种群大小会有所变化。

改进适应值函数计算的 BFO:由于在标准 BFO 的复制操作中细菌个体按照一次趋向性操作中细菌个体经过的所有位置的适应值的累积和排序,该策略并不能保证能够在下一代保留适应值最优的细菌,从而影响算法的收敛速度。鉴于此,Tripathy 和 Mishra 于 2007 年提出按照细菌个体所有位置中的最优适应值排序,这样提高了收敛速度。此外,在标准 BFO 的聚集操作中细菌之间传递信号的影响值 J_{α} 按照每个细菌到种群中其他细菌的距离计算,该策略同样影响了算法的收敛速度,Tripathy 和 Mishra 提出 J_{α} 按照细菌个体到当前全局最优个体的距离来计算。

在标准 BFO 算法的基础上,Liu 等学者提出了一种新的细菌——粘细菌的模型及仿真,并与大肠杆菌进行分析和比较,进而改进了大肠杆菌间的相互作用。

3. 与其他算法的混合

国外,Biswas 等学者于 2007 年把 BFO 的趋向性操作步骤与另外一个有发展潜力的优化算法——差分演化(Differential Evolution,DE)相混合产生了趋向性差分演化算法(Chemotactic DE,CDE)。该算法中,一个细菌在执行一次趋向性操作后执行差分变异操作,剩余的操作与标准 BFO 相似,这样每个细菌能够更仔细地进行搜索,大量测试函数的验证结果表明该改进算法有效。

国内,姜飞、刘三阳等学者于 2010 年经研究发现当搜索范围比较小时 CDE 算法易出现早熟现象,为克服这一缺点,增强种群的多样性,他们在 CDE 算法的基础上结合变异算子,提出了一种新的算法——CDEM 算法,并用于求解混沌系统的控制与同步问题,结果表明算法有效、稳定。

4. 算法理论的研究

算法理论的研究主要有收敛性和稳定性两大方面,目前关于 BFO 的理论研究非常少,首先是 Passino 和 Gazi 在 2003 年对算法的稳定性进行了初步探讨,然后 Dasgupta、Biswas 和 Abraham 合力做了一些工作:2008 年他们对复制操作关于算法收敛性和稳定性的影响进行了理论分析,2009 年他们又分析了在趋向操作中使用自适应机制的步长对算法收敛性和稳定性的影响。但是在趋向操作和复制操作中的理论分析都是建立在一定的条件假设上的,只考虑了在一维的连续空间中由两个个体所组成的种群之间进行的操作,没有考虑多维空间中由多个个体所组成的种群的情形。

5. 算法的应用研究

目前在国内外的研究中,BFO 算法已经被应用于电气工程与控制、滤波器问题、模式识别、图像处理、车间调度问题等方面。

1.2.6　五种智能优化算法的比较

遗传算法、蚁群优化算法、粒子群优化算法、人工鱼群优化算法和细菌觅食优化算法都是仿生优化算法,它们都属于一类模拟自然界生物系统,完全依赖生物体自身本能、通过无意识寻优行为来优化其生存状态以适应环境需要的最优化智能算法。

它们有以下相同点:

(1)都是一类不确定的概率型全局优化算法。智能优化算法的不确定性是伴随其随机性而来的,其主要步骤含有随机因素,有更多的机会求得全局最优解,比较灵活。

(2)都不依赖于优化问题本身的严格数学性质,都具有稳健性。因此用智能优化算法求解许多不同问题时,只需要设计相应的评价函数,而基本上无需修改算法的其他部分。在不同条件和环境下算法的适用性和有效性很强。

(3)都是一种基于多个智能体的智能优化算法。

(4)都具有本质并行性。因而算法本身非常适合大规模并行,且能以较少的计算获得较大的收益。

(5)都具有自组织性和进化性。在不确定复杂环境中,智能优化算法可以通过自学习不断提高算法中个体的适应性。

这类算法的不同点以及缺点:

(1)遗传算法:以决策变量的编码作为运算对象,借鉴了生物学中的染色体概念,模拟自然界中生物遗传和进化的精英策略,采用个体评价函数进行选择操作,并采用交叉、变异算子产生新的个体,使算法具有较大的灵活性和可扩展性。

缺点:求解到一定范围时往往做大量无为的冗余迭代,求精确解效率低。

(2)蚁群优化算法:采用了正反馈机制或称为一种增强型学习系统,通过不断更新信息素达到最终收敛于最优路径的目的,这是蚁群优化算法不同于其他智能优化算法最为显著地特点。

缺点:蚁群优化算法需要较长的搜索时间,且容易出现停滞现象,此外,该算法的收敛性能对初始化参数的设置比较敏感。

(3)粒子群优化算法:是一种简单容易实现又具有深刻智能背景的启发式算法,与其他智能优化算法相比较,该算法所需代码和参数较少,而且受所求问题维数的影响较小。

缺点:粒子群优化算法的局部寻优能力相对较差,此外,该算法的数学基础相对薄弱,缺少深刻的数学理论分析。

(4)人工鱼群算法:是一种新型的基于群体的优化工具,具有良好的取得全局极值的能力,并具有对初值、参数选择不敏感、鲁棒性强、简单、易于实现等诸多优点。

　　缺点:该算法搜索精度不高,后期收敛慢等;同时还由于 AFSA 的研究尚处于初期,其理论基础和工程应用的深度和广度还有待于进一步研究。

　　(5)细菌觅食算法:也是一种新型的基于群体的优化工具,具有良好的取得全局极值的能力。

　　缺点:研究尚处于起步期,其理论基础和工程应用的深度和广度还有待于进一步研究。

第2章 遗传算法

遗传算法是智能优化方法中应用最为广泛也最为成功的算法。本章首先从介绍遗传算法的基本原理、特点与操作流程开始,然后分析遗传算法的收敛性,指出遗传算法的不足,继而提出对该算法的几点改进,最后应用遗传算法求解传统旅行商问题。

2.1 基本遗传算法

遗传算法(genetic algorithm,GA)是由美国 Michigan 大学的 J. Holland 教授于 1975 年首先提出来的。该算法主要借用生物进化中"适者生存"的规律,即最适合自然环境的群体往往产生更多的后代群体。作为一种新的全局优化搜索方法,遗传算法通过计算机模拟实现生物进化的群体竞争、自然选择、基因遗传与变异等特征,已被广泛应用于复杂工程问题的求解。

2.1.1 常用术语

基因:组成染色体的单元,可以表示为一个二进制位,一个整数或一个字符等。

染色体或个体:表示待求解问题的一个可能解,由若干基因组成,是 GA 操作的基本对象。每个染色体可以看做搜索空间中的一个点,代表了一个候选解。

群体:一定数量的个体组成了群体,表示 GA 的遗传搜索空间。

适应度或适度:代表一个个体所对应解的优劣,通常由某一适应度函数表示。

选择:GA 的基本操作之一,即根据个体的适应度,在群体中按照一定的概率选择可以作为父本的个体,选择依据是适应度大的个体被选中的概率高。选择操作体现了适者生存、优胜劣汰的进化规则。

交叉:GA 的基本操作之一,即将父本个体按照一定的概率随机地交换基因,形成新的个体。

变异:GA 的基本操作之一,即按一定概率随机改变某个体的基因值。

2.1.2 基本思想与基本操作

1. 遗传算法的基本思想

遗传算法的基本思想是模拟自然界优胜劣汰的进化现象,把搜索空间映射为遗传空间,把可能的解编码成一个向量——染色体,染色体群一代一代不断进化,包括复制、交叉和变异等操作,通过不断计算各染色体的适应值,选择最好的染色体,获得最优解。

2. 遗传算法的基本操作

遗传算法包括三种基本操作:选择、交叉和变异。这些基本操作又有许多不同的方法,下面逐一进行介绍。

（1）选择

选择就是决定以一定概率从群体中选择若干个体的操作。一般而言,选择的过程是一个基于优胜劣汰的过程。在进行选择之前,首先应计算适应度,然后按适应度进行父代个体的选择。通常采用的选择方法有:

①适应度比例方法。目前最基本也是最常用的选择方法是适应度比例方法,该方法也称为轮盘赌或蒙特卡罗（Monte Carlo）选择。在该方法中,各个体的选择概率和其适应度值成比例。设群体大小为 n,其中个体 i 的适应度值为 f_i,则 i 被选择的概率 p_i 为

$$p_i = \frac{f_i}{\sum_{j=1}^{n} f_j} \tag{2.1}$$

概率 p_i 反映了个体 i 的适应度在整个群体的个体适应度总和中所占的比例大小。显然,个体的适应度越大,其被选择的概率就越高,反之亦然。

②最佳个体保存方法。把群体中适应度最高的,个体不进行配对交叉而直接复制到下一代中。采用此选择方法的优点是,进化过程中某一代的最优解可不被交叉和变异操作所破坏。但是,这也隐含了一种危机,即局部最优个体的遗传基因会急速增加而使进化有可能陷于局部解。该方法的全局搜索能力差,比较适合单峰性质的空间搜索。

③排序选择方法。在计算每个个体的适应度后,根据适应度大小顺序对群体中个体排序,然后把事先设计好的概率表按顺序分配给个体,作为各自的选择概率。这种方法的不足之处在于选择概率和序号的关系需事先确定。此外,该方法和适应度比例方法一样都是一种基于概率的选择,所以仍存在统计误差。

(2)交叉

遗传算法中起核心作用的是遗传操作中的交叉。所谓交叉是指把两个父代个体的部分加以替换重组而生成新个体的操作。通过交叉,遗传算法的搜索能力得以显著提高。

设计交叉算子应考虑以下几点:

①交叉算子需保证前一代中优秀个体的性状能在后一代的新个体中尽可能得到遗传和继承。

②由于编码设计和交叉设计是相互联系的,要使设计出的交叉算子能够满足上述评估准则,交叉算子设计和编码设计需协调操作。这也就是所谓的编码—交叉设计。

③对于占主流地位的二值编码而言,各种交叉算子都包括两个基本内容:一是从由选择操作形成的配对库中,对个体随机配对并按预先设定的交叉概率来决定每对是否需要进行交叉操作;二是设定配对个体的交叉点,并对这些点前后的配对个体的部分结构(或基因)进行相互交换。

以字符串编码为基础的基本交叉方法有以下几种:

①一点交叉(one-point crossover)。一点交叉又称为简单交叉,即在个体串中随机设定一个交叉点,实行交叉时,该点前或后的两个个体的部分进行互换,并生成两个新个体。如下例所示:

个体 A   1001 | 111   →   1001000   新个体 A′

个体 B   0011 | 000   →   0011111   新个体 B′

　　　　　　　交叉点

②二点交叉(two-point crossover)。二点交叉的操作与一点交叉类似,只是设置两个交叉点(依然是随机设定)。如下例所示:

个体 A 10 | 110 | 11 → 1001011 新个体 A′

个体 B 00 | 010 | 00 → 0011000 新个体 B′

　　　　交叉点 1 交叉点 2

③多点交叉(multi-point crossover)。多点交叉是前述两交叉的推广,又被称为广义交叉。一般来讲多点交叉较少采用,它在某种程度上会影响遗传算法的在线和离线性能。

④一致交叉。一致交叉是指通过设定屏蔽字来决定新个体的基因继承两个旧个体中哪个个体的对应基因。

遗传算法的收敛性主要取决于作为核心操作的交叉算子。交叉算子的收敛性是当今遗传算法研究的最重要的课题之一,目前仍无系统而全面的论述。但是,通过局部的理论分析对于交叉收敛已有若干共识。

(3)变异

变异算子的基本内容是对群体中的个体串的某些基因位上的基因值作变动。就基于[0,1]字符集的二进值码串而言,变异操作就是把某些基因位上的基因值取反,即 1→0 或 0→1。变异操作同样也是随机进行的,变异概率 p_m 一般取得很小。

遗传算法中引入变异的目的有两个。一是使遗传算法具有局部的随机搜索能力。当遗传算法通过交叉算子已接近最优解领域时,利用变异算子的这种局部随机搜索能力可以加速向最优解收敛。显然,此种情况下的变异概率应取较小值,否则接近最优解的积木块会因变异而遭到破坏。二是使遗传算法可以维护群体多样性,以防止出现未成熟收敛现象。

遗传算法的基本变异算子是指,对群体中的个体码串随机挑选一个或多个基因位,并对这些基因位的基因值做变动(以变异概率 p_m 做变动),[0,1]二进制码串的基本变异操作如下例:

变异个体 A:1 0 1 1 1 0 1 1→1 1 1 0 0 1 1   新个体 A′

其中变异点在第二、第四基因位共两个,变异使个体的该两处的值取反,形成一个新的个体。

遗传算法中,交叉算子因其全局搜索能力而作为主要算子,变异算子因其局部搜索能力而作为辅助算子,遗传算法通过交叉和变异这一对相互配合又相互竞争的操作,而使其具备兼顾全局和局部的均衡搜索能力,所谓相互配合,是指当群体在进化中陷入搜索空间中某个超平面而仅靠交叉不能摆脱时,通过变异操作可以有助于这种摆脱。所谓相互竞争,是指当通过交叉已形成所期望的积木块时,变异操作有可能破坏这些积木块。

在问题的求解过程中,遗传算法就这样不断进行选择、交叉、变异操作,不断地进行迭代处理,群体一代一代朝着最大适应度值的方向进化下去,最终将得到最优解或近似最优解。

2.1.3   主要步骤和基本流程

尽管遗传算法这种自适应寻优技术已经在求解大量复杂的线性、非线性问题

中表现出优良的计算性能,但其工作机理十分简单。遗传算法的主要步骤为:

①编码;②产生初始群体;③设计适应度函数;④设计遗传算子;⑤设定控制参数。这 5 步构成遗传算法的核心内容,决定了计算结果的优劣。下面,对以上的各步骤做进一步的描述。

1. 编码

编码就是将问题的解用一种码来表示,从而将问题的状态空间与 GA 的码空间相对应,这很大程度上依赖于具体问题的性质,并将影响遗传操作的设计。由于 GA 的优化过程不是直接作用在问题参数本身,而是在一定的编码机制对应的码空间上进行的,因此编码的选择是影响算法性能与效率的重要因素。

函数优化中,不同的码长和码制对问题求解的精度与效果有很大影响。二进制编码将问题的解用一个二进制串来表示,十进制编码将问题的解用一个十进制串来表示,显然码长将影响算法的精度,较长的码算法将付出较大的存储量。实数编码将问题的解用一个实数来表示,解决了编码对算法精度和存储量的影响,也有利于优化中引入问题的相关信息,实数编码在高维复杂优化问题中得到广泛应用,但也有其局限性。

组合优化中,由于问题本身的性质,编码方式需要具体问题具体设计。

2. 产生初始群体

遗传算法初始群体中的个体是随机产生的,群体规模的确定受选择操作的影响很大。群体规模越大,群体中个体的多样性越高,算法陷入局部解的危险就越小,所以从群体多样性出发,群体规模应较大。但群体规模太大会增加计算量,从而影响算法效能;同时群体中个体太多时,少量适应度很高的个体会被选择而生存下来,但大多数个体被淘汰,这会影响配对库的形成,从而影响交叉操作。另一方面,群体规模太小,会使遗传算法的搜索空间中分布范围有限,因而搜索有可能停止在未成熟阶段,引起未成熟收敛现象。在实际应用群体个体数的取值范围一般为数十至数百。

3. 设计适应度函数

适应度函数用于对个体进行评价,一般应满足以下特点:单值、连续、非负、最大化、合理、一致性、计算量小和通用性强。在简单问题的优化时,通常可以直接把目标函数作为适应度函数,在复杂问题的优化时,往往需要构造合适的评价函数作为适应度函数,使其适应 GA 进行优化。

例如，当目标是求取费用函数（代价函数）$g(x)$的最小值，而不是求效能函数或利润函数 $u(x)$ 的最大值时，就需要把最小化问题转化为最大化问题，同时为了保证在各种情况下非负，适应度函数一般取为

$$f(x) = \begin{cases} C_{\max} - g(x), & \text{当 } g(x) < C_{\max} \\ 0, & \text{其他} \end{cases} \tag{2.2}$$

$C_{\max}$ 可以是一个合适的输入值，也可以采用迄今为止进化过程中 $g(x)$ 的最大值或当前群体中 $g(x)$ 的最大值。$C_{\max}$ 也可以是前 K 代中的最大值，$C_{\max}$ 最好与群体无关。

当求解问题的目标函数为利润函数时，为了保证其非负性，可以用下变换式

$$f(x) = \begin{cases} u(x) + C_{\min}, & \text{当 } u(x) + C_{\min} > 0 \\ 0, & \text{其他} \end{cases} \tag{2.3}$$

式中系数 $C_{\min}$ 可以是合适的输入值，或是当前一代或前 K 代中的 $u(x)$ 的最小值，也可以是群体方差的函数。

4. 设计遗传算子

优胜劣汰是设计 GA 的基本思想，它应在选择、交叉、变异等遗传算子中得以体现，而且要考虑对算法效率与性能的影响。

5. 设定控制参数

遗传算法需要设定的控制参数主要有个体编码串长度 l、群体规模 M、变叉概率 p_c、变异概率 p_m、终止代数 T。这些参数对遗传算法的性能有较大的影响，需恰当地选取。

假设给定了一个问题，并且用定义好的长度为 m 的染色体串代表候选解，遗传算法的流程可以简单地描述为：

Step1：随机生成 72 个长度为 m 的染色体串，形成初始的染色体群。

Step2：将染色体群中每个染色体串代入适应度函数，计算适应度。

Step3：判断是否满足终止条件，若是，则适应度值最大的染色体对应的候选解就是需要的满意解；若否，则转 Step4。

Step4：重复下列步骤直至产生了 n 个后代。

①在当前的染色体群中随机选取两个染色体作为父本，选取染色体的概率函数应该是适应度的增函数。在选取父本的过程中，一个染色体可以被多次选中。

②对于选中的父本，按照交叉概率 p_c 决定是否交叉产生两个新的后代，发生交叉的位置是随机的，每个位置的概率是相同的。如果不发生交叉，则两个后代

是对两个选中的父本进行严格地复制的结果,注意这里定义的交叉是两个父本在一个随机的位置上进行交叉互换.在遗传算法中有时会用到多点的交叉,即在多个随机的点上发生交叉。

③对于产生的两个后代,分别在每个位置上按照变异概率户 p_m 发生变异。将两个后代放入新的染色体群。

如果 n 是奇数,可以随机地放弃一个新的后代。

Step5:生成 n 个新的染色体后,用新的染色体群代替原来的染色体群。

Step6:转向 Step2。

每次迭代这一过程称为一个世代.一个遗传算法的应用通常需要迭代 50 到 500 个世代,可以指定迭代的世代数作为算法的终止条件。

上述简单的模型只是描述了大多数遗传算法所共有的基本步骤,遗传算法也有一些很复杂的版本,这里就不介绍了。

基本遗传算法的流程图描述,如图 2.1 所示。

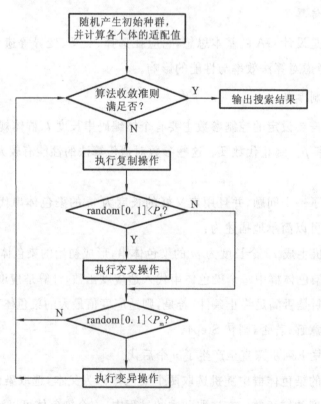

图 2.1 基本遗传算法的流程框图

2.1.4　特点

遗传算法利用生物进化和遗传的思想实现优化过程,区别于传统优化算法,遗传算法具有以下特点:

(1)GA 对问题参数编码成"染色体"后进行进化操作,而不是针对参数本身,这使得 GA 不受函数约束条件的限制,如连续性、可导性等。

(2)GA 的搜索过程是从问题解的一个集合开始的,而不是从单个个体开始的,具有隐含并行搜索特性,从而大大减小了陷入局部极小的可能。

(3)GA 使用的遗传操作均是随机操作,同时 GA 根据个体的适配值信息进行搜索,无需其他信息,如导数信息等。

(4)GA 具有全局搜索能力,最善于搜索复杂问题和非线性问题。

遗传算法的优越性主要表现在:

(1)算法进行全空间并行搜索,并将搜索重点集中于性能高的部分,从而能够提高效率且不易陷入局部极小。

(2)算法具有固有的并行性,通过对种群的遗传处理可以处理大量的模式,并且容易并行实现。

2.1.5　参数选择

在遗传算法的运行过程中,存在着对其性能产生重大影响的一组参数。这组参数在初始阶段或群体进化过程中需要合理的选择和控制,以使遗传算法以最佳的搜索轨迹达到最优解。主要参数包括染色体位串长度 L,群体规模 n,杂交概率 p_c,变异概率 p_m 以及终止代数 T。许多学者进行了大量实验研究,给出了最优参数建议(De Jong,Grefenstette,Schaffer)。

(1)位串长度 L:位串长度 L 的选择取决于特定问题解的精度。要求的精度越高,位串越长,但需要更多的计算时间。为提高运算效率,变长度位串或者在当前所达到的较小可行性域内重新编码,是一种可行的方法,并显示了良好性能。

(2)群体规模 n:大群体含有较多模式,为遗传算法提供了足够的模式采样容量,可以改进遗传算法搜索的质量,防止成熟前收敛。但大群体增加了个体适应性评价的计算量,从而使收敛速度降低。一般情况下专家建议 $n=20\sim200$。

(3)杂交概率 p_c:杂交概率控制着杂交算子的应用频率,在每一代新的群体中,需要对 $p_c\times n$ 个个体的染色体结构进行杂交操作。杂交概率越高,群体中新结构的引入越快,已获得的优良基因结构的丢失速度也相应升高。而杂交概率太低则可能导致搜索阻滞。一般取 $p_c = 0.6 \sim 1.00$。

(4)变异概率 p_m:变异操作是保持群体多样性的有效手段,杂交结束后,交配池中的全部个体位串上的每位基因按差异率 p_m 随机改变,因此每代中大约发生 $p_m \times n \times L$ 次变异。变异概率太小,可能使某些基因位过早丢失的信息无法恢复;而变异概率过高,则遗传搜索将变成随机搜索。一般 $p_m = 0.005 \sim 0.01$。

(5)终止代数 T:终止代数 T 是表示遗传算法运行结束条件的一个参数,T 表示遗传算法运行到指定的进化代数之后就停止运行,并将当前群体中的最佳个体作为所求解的问题的最优解输出。一般建议的取范围是 $100 \sim 1000$。至于遗传算法的终止条件,还可以利用某种判定准则,当判定出群体已经进化成熟且不再有进化的趋势,就可以终止算法的运行。

实际上,上述参数与问题的类型有着直接的关系。问题的目标函数越复杂,参数选择就越困难。从理论上来讲,不存在一组适用于所有问题的最佳参数值,随着问题特征的变化,有效参数的差异往往非常显著。如何设定遗传算法的控制参数以使遗传算法的性能得到改善,还需要结合实际问题深入研究,以及有赖于遗传算法理论研究的新进展。

2.1.6　模式理论

在仅仅利用适应度来进行搜索的过程中,遗传算法是如何会得到最优化或接近最优化的解呢? 带着这一问题,本节中将进一步分析遗传算法的工作原理。

1. 模式

在遗传算法中,模式(schemata)就是描述种群在染色体的某些确定位置上具有相似性的一组符号串。模式中所体现的这种相似性正是遗传算法有效工作的原因,根据对种群中高适应度染色体之间相似性的分析,Holland 提出了遗传算法的模式理论。

在用以表示位串的两个字符{0,1}中加入一个通配符" $*$ ",就构成了用来表示模式的字符集{0,1, $*$ },用这三个字符就可以构造出任意一个模式 H。为了区分不同的模式,对模式 H 定义两个量:模式位数(order)$O(H)$ 和模式的定义长度(defining length)$\delta(H)$。$O(H)$ 是指 H 中有定义的非" $*$ "位的个数;$\delta(H)$ 是指 H 中左右两端有定义位置之间的距离。这两个量为分析位串的相似性及遗传操作对重要模式的影响提供了基本的手段。

2. 模式定理

在选择、交叉、变异的连续作用下,模式的数量会不断地变化,下面就遗传操作对模式的影响进行分析。

设在第 t 代迭代中,种群 $A(t)$ 包含 m 个特定的模式 H,记为:$m = m(H,t)$。在选择操作中,$A(t)$ 中的任意一个个体 A,被选中的概率为 $p_i = f_i / \sum f_i$,则在 $t+1$ 代特定模式的数量为

$$m(H, t+1) = m(H,t)nf(H) \sum f_i \qquad (2.4)$$

其中 $f(H)$ 为第 t 代包含模式 H 的个体的平均适应度,将种群平均适应度 $\overline{f} = \sum f_i / n$ 带入上式,得

$$m(H, t+1) = \frac{m(H,t)f(H)}{\overline{f}} \qquad (2.5)$$

可见,经过选择操作之后,下一代中特定模式 H 的数量正比于其所在个体的平均适应度与种群平均适应度的比值,即当 $f(H) > \overline{f}$ 时,H 的数量将增加;当 $f(H) \overline{f}$ 时,H 的数量将减少。种群中的任意模式都是按照式(2.5)所示的规模变化的,而操作中模式的增减是在选择中并行进行的,这恰恰体现了遗传算法的隐含并行性。

交叉的过程是个体之间有组织的随机交换信息的过程。交叉操作对模式的影响与模式的定义长度 $\delta(H)$ 有关,$\delta(H)$ 越大,H 的跨度就越大,随机交叉点落入其中的可能性就越大,H 被分裂的可能性就越大,即 H 存活率就越低。设交叉概率为 p_c,则模式 H 的存活率 p_s 的下限为:

$$p_s = 1 - p_c \frac{\delta(H)}{L-1} \qquad (2.6)$$

式中,l 为个体染色体的长度,结合式(2.5),在选择、交叉操作之后模式 H 的数量为

$$m(H, t+1) = m(H,t) \frac{f(H)}{\overline{f}} p_s \qquad (2.7)$$

即

$$m(H, t+1) \geqslant m(H,t) \frac{f(H)}{\overline{f}} \left[1 - p_c \frac{\delta(H)}{l-1} \right] \qquad (2.8)$$

变异是对个体的单个位置以概率 p_m 进行替换,因此单个位置基因值的存活概率为 $(1-p_m)$(保持率),由于每一位的变异都是统计独立的,因此,一个特定的模式仅当它的 $O(H)$ 个确定位都存活时才能存活,故经变异操作后,特定模式 H 的存活率为

$$(1-p_m)^{O(H)}$$

由于一般情况下 $p_m \ll 1$，所以 H 的存活率可以表示为

$$(1-p_m)^{O(H)} = 1 - O(H)p_m \tag{2.9}$$

综合考虑选择、交叉、变异操作的共同作用，则模式 H 在经历这些操作之后，在下一代中的数量为

$$m(H,t+1) \geqslant m(H,t)\frac{f(H)}{\bar{f}}\left[1 - p_c\frac{\delta(H)}{l-1}\right]\left[1 - O(H)p_m\right] \tag{2.10}$$

综上所述，我们可以得到遗传算法中的一个非常重要的结论——模式定理。

定理 2.1 遗传算法中，在选择、交叉、变异的作用下，具有定义长度短、确定位数少、平均适应度高于群体平均适应度的模式将随着代数的增加呈指数式增长。

模式定理是遗传算法的基本理论，保证了较优的模式的数目呈指数增长，为解释遗传法机理提供了一种数学工具。

2.1.7　收敛性分析

1. 预备知识

定义 2.1 称 $n \times n$ 方阵 $A = (a_{ij})$ 为

(1) 非负的，记 $A \geqslant 0$，若 $a_{ij} \geqslant 0, i,j = 1,2,\cdots,n$。

(2) 严格正的，记 $A > 0$，若 $a_{ij} > 0, i,j = 1,2,\cdots,n$。

(3) 正则的，若 $A \geqslant 0$，且存在自然数 k，使 $A^k > 0$。

(4) 随机的，若 $A \geqslant 0$，$\sum_{j=1}^{n} a_{ij} = 1, i = 1,2,\cdots,n$。

(5) 归纳的，若 $A \geqslant 0$ 且经过相同的行和列初等交换后可转化为的形式为

$\begin{bmatrix} C & 0 \\ R & T \end{bmatrix}$ 的形式，其中 C 和 T 均为方阵。

(6) 不可约的，若 $A \geqslant 0$ 且不归约。

(7) 稳定的，若 A 是随机的且所有行相同。

(8) 列容的，若 A 是随机的且每一列中至少有一个正数。

引理 2.1 若 C, M 和 S 为随机阵，且 $M > 0, S$ 为列容的，则 $CMS > 0$。

证明 记 $A = CM, B = AS$。由于 C 为随机阵，则 C 的每一行中至少存在一个正数。从而，$\forall i,j \in \{1,2,\cdots,n\}, a_{ij} = \sum_{k=1}^{n} c_{ik}m_{kj} > 0$，即 $A > 0$。进而，由于 S 为

列容的,$\forall i,j \in \{1,2,\cdots,n\}, b_{ij} = \sum_{k=1}^{n} a_{ik}s_{kj} > 0$,故 $CMS>0$ 得证。

引理 2.2 若 $\boldsymbol{P}$ 为正则随机阵,则 $\boldsymbol{P}^k$ 收敛到一个全正稳定随机阵,即 $P^{\infty} = [1,1,\cdots,1]^T[p_1,p_2,\cdots,p_m]$,其中 $[p_1,p_2,\cdots,p_m]P = [p_1,p_2,\cdots,p_m]$, $\sum_{i=1}^{n} p_{ij} = 1, p_j = \lim_{k\to\infty} p_{ij}^{(k)} > 0$,即 $[p_1,p_2,\cdots,p_m]^T$ 是 P^T 的特征值是 1 且各分量均为正数的特征向量。

引理 2.3 若

$$\boldsymbol{P} = \begin{bmatrix} \boldsymbol{C} & \boldsymbol{0} \\ \boldsymbol{R} & \boldsymbol{T} \end{bmatrix}$$

是随机的,其中 $\boldsymbol{C}$ 为 m 维严格正随机方阵,$\boldsymbol{R} \neq 0, \boldsymbol{T} \neq 0$,则

$$\boldsymbol{P}^{\infty} = \begin{bmatrix} \boldsymbol{C}^{\infty} & \boldsymbol{0} \\ \boldsymbol{R}^{\infty} & \boldsymbol{T} \end{bmatrix} \tag{2.11}$$

是一个稳定的随机阵,其中

$$\boldsymbol{R}^{\infty} = \lim_{k\to\infty} \sum_{i=0}^{k-1} \boldsymbol{T}^i \boldsymbol{R} \boldsymbol{C}^{k-i} \tag{2.12}$$

同时,$\boldsymbol{P}^{\infty} = [1,1,\cdots,1]^T[p_1,p_2,\cdots,p_n]$, $\sum_{i=1}^{n} p_{ij} = 1, p_j = \lim_{k\to\infty} p_{ij}^{(k)} \geqslant 0$, 其中,$p_i > 0 (1 \leqslant j \leqslant m), p_j = 0 (m+1 \leqslant j \leqslant n)$。

2. 基本遗传算法的马氏链描述

在 SGA 中,令所有个体形成的有限空间为 Ω,所有种群对应的整个状态空间为 G,其中每一种群为一个状态,一旦染色体长度 l 和种群数目 N 给定且有限时,则 Ω 的维数 $|\Omega|$ 有限,G 的维数 $|G| = |\Omega|^N$ 也有限。由于算法中每一代状态的转移依赖于选择(复制)、交叉和变异操作,且与进化代数无关,因此 SGA 可以视为一个有限状态的齐次马氏链。

鉴于算法中三个遗传操作是循环往复执行的,我们按"交叉→变异→选择"顺序来考虑算法中状态的转移。从而,表征马氏链的状态转移矩阵 $\boldsymbol{P}$ 为矩阵 $\boldsymbol{C}, \boldsymbol{M}$ 和 $\boldsymbol{S}$ 的乘积,其中 $\boldsymbol{C}, \boldsymbol{M}$ 和 $\boldsymbol{S}$ 分别为交叉、变异和选择操作所决定的状态转移矩阵。

(1)交叉操作

交叉操作可以视为状态空间上的随机函数,记交叉操作决定的状态转移矩阵为 $\boldsymbol{C} = (c_{ij})_{|G|\times|G|}$,其中 c_{ij} 为从状态 i 经交叉操作转移到状态 j 的概率。由于一个状态通过交叉操作总要转移到状态空间中的另一个状态,因此 $\sum_{j=1}^{|G|} C_{ij} = 1$ 显然

成立,即 C 为随机矩阵。

(2)变异操作

在 SGA 中,变异操作是独立作用于种群内各个体的每一位基因上,记变异操作决定的状态转移矩阵为 $M=(m_{ij})_{|G|\times|G|}$,其中 m_{ij} 为从状态 i 经交叉操作转移到状态 j 的概率。由于染色体的每个基因具有相同的变异概率 $p_m>0$,则 $m_{ij}=p_m^{H_{ij}}(1-p_m)^{Nl-H_i}>0$,其中 H_{ij} 为状态 i 与状态 j 之间具有不同基因的位置的总数。例如状态 $\{(1000),(0111),(1010)\}$ 与状态 $\{(1100),(1100),(0101)\}$ 之间的 H_{ij} 为 7。因此,M 为严格正的随机矩阵。

(3)选择操作

在 SGA 中,交叉和变异操作后得到的种群经选择操作后又将转移到另一个种群,记选择操作决定的状态转移矩阵为 $S=(s_{ij})_{|G|\times|G|}$。考虑比例选择(轮盘赌)策略,种群中染色体 X_i 被选中的概率为

$$\frac{f(X_i)}{\sum_{k=1}^{N}f(X_k)}>0 \tag{2.13}$$

则种群 i 经选择操作后保持不变的概率

$$s_{ii}\geq\prod_{j=1}^{N}\left[\frac{f(X_j)}{\sum_{k=1}^{N}f(X_k)}\right]>0 \tag{2.14}$$

因此,转移矩阵 S 是随机且列容的。

通过对上述三个操作的概率描述,我们对 SGA 的马氏链描述有了一个清晰的认识,下面将对算法的收敛性进行阐述。

3. 基本遗传算法的收敛性

对应于有限状态马氏链的一般遗传算法(二进制或十进制编码)均是后文介绍的 GASA 混合策略的一种特例,本节仅讨论基于二进制编码的 SGA 的收敛性。

定理 2.2 若 SGA 中交叉概率 $p_c\in[0,1]$,变异概率 $p_m\in(0,1)$,并且算法采用比例选择策略,则 SGA 的状态转移矩阵 $P=CMS$ 是严格正的。

证明 利用上节矩阵 C,M 和 S 的定义以及引理 2.1 即可。

注: 根据上述定理可知,SGA 是一个遍历马氏链,从而存在一个与初值无关的极限分布,由此算法的初始种群可以任意初始化,同时任何时刻从一个状态转移到另一个状态的概率不为 0,即马氏链构成了强连通图。然而,尽管初始种群的随机性在理论上不影响极限分布,但由于实际算法中由于某些环节的近似处理(如

终止准则),算法的搜索结果存在一定的波动性,通常算法要执行多次才能得到较可靠的结果。

定理 2.3　SGA 不能够以概率 1 收敛到全局最优解。

证明　令 $P(t)=\{X_1(t),X_2(t),\cdots,X_N(t)\}$ 为算法第 t 代的种群,其最优适配值为 $Z_t=\max\{f(X_k(t)),k=1,2,\cdots,N\}$,设 f^* 为全局最优的适配值。由定理 2.2 和引理 2.2 知,SGA 以任意状态 i 为极限分布的概率 $\lim\limits_{t\to\infty}p_i^t=p_i^\infty>0$,因此,$\lim\limits_{t\to\infty}P\{Z_t=f^*\}\leqslant 1-p_i^\infty<1$。

注:上述定理从概率意义上说明了 SGA 不能够收敛到全局最优,其原因在于算法中最优解的概率遗失。因此,只要在算法中每代保留当前最优解,无论是在选择之前还是在选择之后,算法将最终收敛到全局最优,从而有以下定理。

定理 2.4　每代在选择操作后保留最优解的 SGA 以概率 1 收敛到全局最优解。

证明　由于算法采用了保优技术,为方便起见,我们将保留下来的各代的最优个体存放在种群的第一号位置,但它不参与遗传操作。即,在第 t 代进化时的种群为 $(X*(t-1),X_1(t),X_2(t),\cdots,X_N(t))$,其中 $X*(t-1)$ 表示算法搜索至第 $t-1$ 代所得到的最佳个体。从而,算法对应马氏链的状态空间维数将变为 $|\Omega|^{N+1}$。然后,我们将包含相同的最优解的状态仍按在原状态空间的顺序进行排列,而对包含不同最优解的状态按最优解的适配值从大到小进行排列。由此,新的交叉、变异和选择操作对应的状态转移矩阵可以表示为 $\boldsymbol{C}^+=\mathrm{diag}(C,C,\cdots,C)$,$\boldsymbol{M}^+=\mathrm{diag}(M,M,\cdots,M)$ 和 $\boldsymbol{S}^+=\mathrm{diag}(S,S,\cdots,S)$。

在选择操作后,算法要将当前种群中的最优解与前一代保留下来最优解进行比较,这一操作也可以用矩阵 $\boldsymbol{U}=(u_{ij})$ 表示。显然,状态 $Y(t)=(X^*(t-1),X_1(t),X_2(t),\cdots,X_N(t))$ 转移到 $Y(t+1)=(X^*(t),X_1(t+1),X_2(t+1),\cdots,X_N(t+1))$ 的概率为

$$P_r(Y(t+1)\mid Y(t))=\begin{cases}1,\text{当}\max(f(X_1(t)),f(X_2(t)),\cdots,f(X_N(t)))=X^*(t)\\ \quad\text{且}(X_1(t),X_2(t),\cdots,X_N(t))\\ \quad\quad=(X_1(t+1),X_2(t+1),\cdots X_N(t+1))\\ 0,\text{其他}\end{cases}$$

(2.15)

从而,矩阵 $\boldsymbol{U}$ 每一行均有且只有一个元素为 1,而其他元素为 0。同时,考虑到状态的排列顺序,可知矩阵 $\boldsymbol{U}$ 为下三角矩阵。记

$$U = \begin{bmatrix} U_{11} & & & \\ U_{21} & U_{22} & & \\ \vdots & \vdots & \ddots & \\ U_{|\Omega|1} & U_{|\Omega|2} & & U_{|\Omega||\Omega|} \end{bmatrix} \qquad (2.16)$$

其中 U_{ij} 为 $|\Omega|^N \times |\Omega|^N$ 阶矩阵，且 U_{11} 为单位矩阵。从而，马氏链的一步转移矩阵为

$$P^+ = C^+ M^+ S^+ U = \text{diag}(CMS, CMS, \cdots, CMS)$$

$$= \begin{bmatrix} CMSU_{11} & & & \\ CMSU_{21} & CMSU_{22} & & \\ \vdots & \vdots & \ddots & \\ CMSU_{|\Omega|1} & CMSU_{|\Omega|2} & \cdots & CMSU_{|\Omega||\Omega|} \end{bmatrix} \qquad (2.17)$$

显然，P^+ 为可约的随机矩阵，且 $CMSU_{11}$ 严格正。进而，考虑到 P^+ 中第一位状态由好到坏的排列顺序可知

$$R = \begin{bmatrix} CMSU_{21} \\ \vdots \\ CMSU_{|\Omega|1} \end{bmatrix} \neq 0, \quad T = \begin{bmatrix} CMSU_{22} & & \\ \vdots & \ddots & \\ CMSU_{|\Omega|2} & \cdots & CMSU_{|\Omega||\Omega|} \end{bmatrix} \neq 0 \quad (2.18)$$

由引理 2.3 可知，不包含最优个体的状态在马氏链的极限分布中的概率为 0，包含最优个体的状态在马氏链的极限分布中的概率和为 1。从而，算法将以概率 1 收敛到包含全局最优个体的状态，亦即算法能够以概率 1 搜索到全局最优解。

定理 2.5   每代在选择操作前保留最优解的 SGA 以概率 1 收敛到全局最优解。

证明过程类似于定理 2.4，在此不再赘述。

除了讨论算法的收敛性，对带有保优操作的遗传算法的收敛速度进行估计也是很重要的研究内容。

设带有保优操作的遗传算法对应于有限状态维马氏链 $\{Z_k\}$，行向量 π 为给定每一状态的概率，P 为一步转移矩阵，则经 n 次转移后，各状态的概率为 πP^n。若种群中全部个体相同且均为最优，则称此状态为吸收态。显然，马氏链 $\{Z_k\}$ 中有以下三种性质的状态：

(1)吸收态；(2)可一步转移到吸收态的非吸收态；(3)经 P 可一步转移到另一状态，而此状态转移到吸收态的概率为零。从而，一步转移矩阵 P 可以分解为

$$P = \begin{bmatrix} I_k & 0 \\ R & Q \end{bmatrix} \qquad (2.19)$$

其中，I_k 为描述吸收态的 k 阶单位矩阵，R 为描述能够转移到吸收态的状态的 $(|G|-k) \times k$ 阶矩阵，Q 为描述其他状态的 $(|G|-k) \times (|G|-k)$ 阶矩阵。进而

$$P^n = \begin{bmatrix} I_k & 0 \\ M_n R & Q^n \end{bmatrix} \tag{2.20}$$

其中，$M_n = I + Q + Q^2 + \cdots + Q^{n-1}$，$\|Q\| < 1$，从而

$$P^\infty = \lim_{n \to \infty} P^n = \begin{bmatrix} I_k & 0 \\ (I-Q)^{-1}R & 0 \end{bmatrix} \tag{2.21}$$

由于 SGA 算法的全局收敛性，最优分布 z^* 存在，且 $z^* = z(0)P^\infty$，$z(0) = [z_1(0), z_2(0), \cdots, z_k(0), z_{k+1}(0), \cdots, z_{|\Omega|}(0)] = [\bar{z}_1(0), \bar{z}_2(0)]$。以下给出 $z(i) = z(0)P^i$ 收敛到 z^* 的速度估计。

定理 2.6 设 $\|Q\| = \lambda < 1$，则概率分布 $z(i)$ 收敛到 z^* 的收敛速度估计为 $\|z(i) - z^*\| \leqslant O(\lambda^i)$。

证明

$$\|z(i) - z^*\| = \|z(0)P^i - z(0)P^\infty\|$$

$$= \left\| z(0) \left[\begin{bmatrix} I_k & 0 \\ M_n R & Q^n \end{bmatrix} - \begin{bmatrix} I_k & 0 \\ (I-Q)^{-1}R & 0 \end{bmatrix} \right] \right\|$$

$$= \left\| z(0) \begin{bmatrix} 0 & 0 \\ (M_i - (I-Q)^{-1})R & Q^i \end{bmatrix} \right\|$$

$$= \|\bar{z}_2(0)[(M_i - (I-Q)^{-1})R \quad Q^i]\|$$

$$\leqslant \|\bar{z}_2(0)\|(\|M_i - (I-Q)^{-1}\|\|R\| + \|Q^i\|)$$

$$= \|\bar{z}_2(0)\|(\|(I-Q)^{-1} - (I-Q)^{-1}Q^i - (I-Q)^{-1}\|\|R\| + \|Q^i\|)$$

$$= \|\bar{z}_2(0)\|(\|-(I-Q)^{-1}\|\|R\| + 1)\|Q^i\|$$

$$\leqslant \|\bar{z}_2(0)\| \left(\frac{\|R\|}{1 - \|Q\|} + 1 \right) \|Q\|^i$$

$$= O(\lambda^i)。$$

迄今为止，遗传算法的理论研究仍主要针对 SGA 模型。高级的遗传算法由于其本身的多样性，理论方面的研究相当分散，尚未取得引人注目的结果。同时，大部分结论都是通过计算机数值仿真来说明的，数学上严格完整且令人信服的解释仍需努力探索。GA 的收敛性研究，尤其是如何提高算法的收敛速度和鲁棒性，仍是具有重要研究价值的课题。

2.2　基本遗传算法的改进

2.2.1　基本遗传算法的不足

1.早熟收敛问题

由于遗传算法单纯用适应度来决定解的优劣,因此当某个个体的适应度较大时,该个体的基因会在群内迅速扩散,导致种群过早失去多样性,解的适应度停止提高,陷入局部最优解,从而找不到全局最优解。

2.遗传算法的局部搜索能力问题

遗传算法在全局搜索方面性能优异,但是局部搜索能力不足。这导致遗传算法在进化后期,收敛速度变慢,甚至无法收敛到全局最优解。

3.遗传算子的无方向性

遗传算法的操作算子中,选择算子可以保证选择出的都是优良个体,但是变异算子和交叉算子仅仅是引入了新的个体,其操作本身并不能保证产生的新个体是否优良。如果产生的个体不够优良,引入的新个体就称为干扰因素,反而会减慢遗传算法的进化速度。

遗传算法的这些缺陷和不足限制了遗传算法的进一步推广和应用,因此,对遗传算法的进一步研究和探讨是很必要的。

2.2.2　改进综述

遗传算法的主要任务和目的,是设法产生或有助于产生优良的个体成员,且这些成员能够充分表现出解空间中的解,从而使算法效率提高且避免早熟收敛现象。但是,实际应用遗传算法时,往往出现早熟收敛和收敛性能差等缺点。现今的改进方法,大多针对基因操作、种群的宏观操作、基于知识的操作和并行化 GA 进行。

对于复制操作,De Jong(1975)研究了回放式随机采样复制,其缺点是选择误差较大;同时,他又提出了无回放式随机采样复制以降低选择误差。Brindle(1981)提出了一种选择误差更小、操作简单的确定式采样以及无回放式余数随机采样方法。Back(1992)提出了与适配值大小和正负无关的均匀排序策略;同时又提出全局收敛的最优串复制策略,提高了搜索效率,但不适于非线性较强的问题。在交叉操作方面,有 Goldberg(1989)提出的部分匹配交叉算子(partially mapped crossover)、Starkweather 等学者(1991)提出的增强边缘重组算子(enhanced edge recombination)、Davis(1991)提出的序号交叉算子(order crossover)和均匀排序交叉算子(uniform order-based crossover)、Smith(1985)提出的循环交叉算子(cycle crossover)、De Jong(1975)提出的单点交叉算子(one-point crossover)和多点交叉算子、Syswerda(1989)提出的双点交叉算子(two-point crossover)。此外常用的交叉算子还有置换交叉、算术交叉、启发式交叉等。变异操作方面主要发展了自适应变异、多级变异等操作。为了改进算法的性能,一些高级的基因操作也得到了发展和应用,譬如双倍体和显性遗传(diploid and dominance)用以延长曾经适配值高而目前较差的基因块的寿命,并且在变异概率低的情况下也能保持一定的多样性;倒位操作(inversion)用以助长有用基因块的紧密形式;优先策略(elitism)用以把目前解群中最好的解直接放入下一代种群中,如此保证各代种群中总会有目前为止最好的解;静态繁殖(steady-state reproduction)用以在迭代过程中用部分优质子串来更新部分父串作为下一代种群以使优质的父串在下一代中得以保留;没有重串的静态繁殖(steady-state without duplication)用以在形成下一代种群时不含重复的串。此外,还有多倍体结构(multiple chromosome structure)、分离(segregation)、异位(translocation)等操作。在种群宏观操作方面,主要是引入小生存环境和物种形成(niche and spectiation)的思想,这在分类问题中得到了应用。在基于知识的操作方面,主要是将问题的特殊信息与 GA 相结合,包括混合算法的构造以及在遗传算子中增加知识的操作等。

遗传算法的结构也是很值得研究的问题。Krishnakumar(1989)为克服群体数目大造成计算时间长的缺点,提出了所谓 GA 的小群体方法,仿真结果显示了较高的计算效率和适于动态系统优化的潜力,但尚无严格的理论分析。Schraudolph 等学者(1992)针对二进制编码优化精度差的缺点,提出了一种类似于对解空间进行尺度变换的参数动态编码策略,较好地提高了 GA 的精度,但不适于非线性较强的多极小优化问题。Androulakis 等学者(1991)采用实数编码提出了一种扩展遗传搜索算法,把搜索方向作为独立的变量来处理以解决有约束的优化问题。Poths 等学者(1994)为克服算法早熟收敛的缺点,提出了类似于并行实现思想的基于变迁和人工选择的遗传算法。Grefenstette(1981)全面研究了 GA 并行化实现的结构问题,并给出了多种结构形式,主要有同步主仆方法

(synchronous master-slave)、亚同步主仆方法(semi-synchronous master-slave)、分布式异步并发方法(distributed asynchronous concurrent)、网络方法(network)。Goldberg 学者(1989)提出了基于对象设计 GA 并行结构的思想。Muhlenbein 等(1991)用并行遗传算法求解高维多极小函数的全局最小解,从而提供了 GA 求解高度复杂优化问题的有力实例。

在函数优化方面,Goldberg(1989)引入分享(sharing)思想将解空间分成若干子空间,然后在子空间中产生子群体成员分别进行优化,以求得整个问题的解,避免算法只收敛到某个局部解;De Jong(1975)提出聚集(crowding)的思想,根据群成员中的相似性来部分替换群体中的个体成员,从而将一些个体成员分别聚集于各个群集中,然后在各个群集中分别求解问题的局部解以实现与分享思想相同的目标。然而,这些方法的应用还有一定的限度,对于解是随机分布的情况就不易奏效。由此,孟庆春等学者(1995)提出门限变换思想,在选择个体成员进入下一代时,引入门限变换函数将某些优良成员周围的成员传到下一代以达到除劣增优的目的,从而避免搜索的盲目性。至于有约束优化问题的求解,目前的处理方法主要有:

(1)把问题的约束在"染色体"的表示形式中体现出来,并设计专门的遗传算子,使"染色体"所表示的解在 GA 运行过程中始终保持可行性。这种方法最直接,但适用领域有限,算子的设计也较困难。

(2)在编码过程中不考虑约束,而在 GA 运行过程中通过检验解的可行性来决定解的弃用。这种方法一般只适用于简单的约束问题。

(3)采用惩罚的方法来处理约束越界问题。

但到目前为止,采用 GA 求解高维、多约束、多目标的优化问题仍是一个没有很好解决的课题,它的进展将会推动 GA 在许多工程领域的应用。

2.2.3　免疫遗传算法

本节介绍一种基于免疫的改进遗传算法,该算法是生命科学中免疫原理与传统遗传算法的结合。算法的核心在于免疫算子的构造,而免疫算子又是通过接种疫苗和免疫选择两个步骤来完成的。同时,在理论上免疫算法是概率1收敛的。

遗传算法是一类基于"产生＋测试"方式的迭代搜索算法,尽管算法在一定条件下具有全局收敛特性,但算法的交叉、变异、选择等操作一般都是在概率意义下随机进行的,虽保证了种群的群体进化性,但一定程度上不可避免退化现象的出现。此外,尽管遗传算法具有通用性的一面,但却忽视了问题特征信息的辅助作用,同时相对固定的遗传操作使得对不同问题的求解缺少灵活性。大量相关研究表明,仅仅依赖于以遗传算法为代表的进化算法在模拟人类智能化处理事物能力方面还远远不足,还需要更深入地挖掘和利用人类的智能资源,而免疫遗传算法就是将生命科学中免疫的原理与遗传算法相结合来提高算法的整体性能,并有选择、有目的地利用待求解问题中的一些特征信息来抑制优化过程中退化现象的出现。

1. 免疫遗传算法

类似于生物自然科学的免疫理论,免疫算子分为全免疫(full immunity)和目标免疫(target immunity),两者分别对应于生命科学中非特异性免疫和特异性免疫。其中,全免疫是指种群中每个个体在遗传算子作用后,对其每一环节进行一次免疫操作;目标免疫则是指在进行了遗传操作后,经过一定的判断,个体仅在作用点处发生免疫反应。前者主要应用于个体进化的初始阶段,而在进化过程中基本上不发生,否则将很有可能产生"同化"现象;后者一般将伴随进化的全过程,它是免疫的一个基本算子。

实际的操作过程中,首先对所求解的问题(即抗原,antigen)进行具体分析,从中提取最基本的特征信息(即疫苗,vaccine);其次,对特征信息进行处理,将其转化为求解问题的一种方案(由此方案得到的所有解的集合称为基于上述疫苗所产生的抗体,antibody);最后,将此方案以适当的形式转化为免疫算子,以实施具体操作。需要说明的是,待求解问题的特征信息往往不止一个,也就是说针对某一特定抗原所能提取的疫苗也可能不止一个,那么在接种疫苗过程中可以随机地选取一种疫苗进行注射,也可以将多个疫苗按照一定的逻辑关系进行组合后再注射。总而言之,免疫的思想主要是在合理提取疫苗的基础上,通过接种疫苗和免疫选择两个操作来完成的。前者以提高适应度,后者以防止种群的退化。

(1)接种疫苗

对于个体 x,对其接种疫苗是指按照先验知识来修改其某些基因位上的基因,使所得个体以较大的概率具有更高的适应度。

实现考虑以下两种特殊情况:

其一,若个体 y 的每一基因位上的信息都是错误的,即每一位码都与最佳个体不同,则对任一个体 x,x 转移到 y 的概率为 0.

其二,若个体 x 的每一基因位都是正确的,即 x 已是最佳个体,则 x 以概率 1

转移为 x。

假设种群 $c=(x_1,x_2,\cdots,x_{n_0})$，对种群 c 接种疫苗是指在 c 中按比例 $a(0<a\leqslant 1)$ 随机抽取 $n_a=an$ 个个体而进行的操作。疫苗是从对问题的先验知识中提炼出来的，它所包含的信息量及其正确性对算法的性能起着重要的作用。

(2)免疫选择

该操作分两步完成。第一步是免疫检测，即对接种了疫苗的个体进行检测，若其适应度仍不如父代，说明在交叉、变异的过程中出现了严重的退化现象。此时该个体将被父代中所对应的个体所取代；如果子代适应度优于父代则进行第二步处理。第二步是退火选择，即在当前子代种群 $E_k=(x_1,x_2,\cdots,x_{n_0})$ 中以概率

$$P(x_i)=e^{f(x_i)/T_k}\bigg/\sum_{i=1}^{n_0}e^{f(x_i)/T_k}$$

选择个体 x_i 进入新的父代种群，其中 $f(x_i)$ 为 x_i 的适应度，$\{T_k\}$ 为趋于 0 的温度序列。

至此，给出免疫遗传算法如下，其流程如图 2.2 所示。

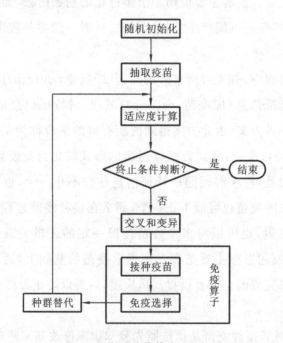

图 2.2　免疫遗传算法流程框图

Step1 随机产生初始父代种群 A_1。

Step2 根据先验知识抽取疫苗。

Step3 若当前种群中包含了最佳个体，则结束算法；否则进行以下步骤。

Step4 对当前第 k 代父代种群 A_k 进行交叉操作，得到种群 B_k。

Step5 对种群 B_k 进行变异操作,达到种群 C_A。

Step6 对种群 C_k 进行接种疫苗操作,得到种群 D_k。

Step7 对种群 D_k 进行免疫选择操作,得到新一代父代种群 A_{k+1},返回 Step3。

2. 免疫遗传算法的收敛性

设种群的规模为 n_0 且在算法中保持不变,种群中所有个体均为 l 位的 q 进制编码,算法中的交叉操作选择一点或多点均可,变异操作是对每个基因位以概率 P_M 相互独立地进行变异。算法的状态转移情况可以用随机过程 $A_k \xrightarrow{交叉} B_k \xrightarrow{异} C_k \xrightarrow{接种疫苗} D_k \xrightarrow{疫苗} A$ 来表示,其中 A_k 到 D_k 的状态转移构成一个马氏链。设 X 为个体搜索空间,种群可以视为状态空间 $S = X^{n_0}$ 中的一个点,$|S|$ 为 S 的规模,$s_i \in S$ 为一个种群,V_k^i 表示随机变量 V 在第 k 代处于状态 s_i,记 $S^* = \{x \in X; f(x) = \max\limits_{x_i \in X} f(x_i)\}$ 为最优状态集。

定义 2.2 若对任意初始分布,均有 $\lim\limits_{k \to \infty} \sum\limits_{s_i \cap S^* \neq \varphi} P(V_k^i) = 1$ 则称算法收敛。

该定义表明:所谓算法收敛,即指当算法迭代到足够多的次数以后,群体中包含全局最佳个体的概率接近于 1,亦即算法以概率 1 收敛。

定理 2.7 免疫遗传算法是概率 1 收敛的,若算法中略去免疫算子,则该算法将不再保证收敛到全局最优值,或者说该算法是强不收敛的。

3. 免疫算子的机理

免疫算子是由接种疫苗和免疫选择两部分操作构成的。其中,疫苗是指依据人们对待求问题所具备的先验知识而从中提取出的一种基本的特征信息,抗体是指根据这种特征信息而得出的一类解。前者可以看做是对待求的最佳个体所能匹配模式(schema)的一种估计,后者则是对这种模式进行匹配而形成的样本。从对算法的描述中不难发现,疫苗的正确选择对算法的运行效率具有十分重要的意义。疫苗如同遗传算法的编码一样,是免疫操作得以有效地发挥作用的基础与保障。但需说明的是,选取疫苗的优劣,生成抗体的好坏,只会严重影响到免疫算子中接种疫苗作用的发挥,不至于涉及到算法的收敛性。因为免疫遗传算法的收敛性,归根结底是由免疫算子中的免疫选择来保证的。

下面考察免疫选择在算法运行过程所起到的作用。

定理 2.8 在免疫选择作用下,若疫苗使抗体适应度得到提高,且高于当前群体的平均适应度,则疫苗所对应的模式将在群体中呈指数级扩散;否则,它将被遏制或呈指数级衰减。

可见,免疫选择在加强接种疫苗方面具有积极作用,在消除其负面影响方面具有鲁棒性。考虑到免疫遗传算法的应用对象主要是 NP 类问题,而这类问题在规模较小时一般易于求解,或者说易于发现其局部条件下的求解规律。因此,在选取疫苗时,既可以根据问题的特征信息来制作免疫疫苗,也可以在具体分析的基础上考虑降低原问题的规模,增设一些局部条件来简化问题,用简化后的问题求解规律来作为选取疫苗的一种途径。但是,在实际的选取过程中应考虑到:一方面,原问题局域化处理越彻底,则局部条件下的求解规律就越明显,这时虽然易于获取疫苗,但寻找所有这种疫苗的计算量会显著增加;另一方面,每个疫苗都是利用某一局部信息来探求全局最优解,即估计该解在某一分量上的模式,所以没有必要对每个疫苗做到精确无误。因此一般可以根据对原问题局域化处理的具体情况,选用目前通用的一些迭代优化算法来提取疫苗。

4.免疫算子的执行算法

为表述方便,令 $a_{H,k}^i$ 为对第 k 代第 i 个个体 a_k^i 接种疫苗后所得到的抗体,P_I 为个体接种疫苗的概率,P_v 为更新疫苗的概率,$V(a_k^i, h_j)$ 表示按模式 h_j 修改个体 a_k^i 上基因的接种疫苗操作,n 和 m 分别为群体和疫苗的规模。那么,在针对某一待求问题而构造和应用免疫算子时所进行的过程如下所示:

1)抽取疫苗:

(1)分析待求问题,搜集特征信息;

(2)依据特征信息估计特定基因位上的模式 $H = \{h_j; j = 1, 2, \cdots, m\}$。

2)令 $k = 0, j = 0$。

3)While (Conditions=True):

(1)若{P_v}=True,则 $j = j + 1$;

(2)$i = 0$;

(3) for($i \leqslant n$):

①接种疫苗:$a_{H,k}^i = V_{(P_I)}\{a_k^i, h_j\}$;

②免疫检验:若 $a_{H,k}^i a_{k1}^i$,则 $a_k^i = a_{k1}^i$;否则 $a_k^i = a_{H,k}^i$;

③$= i + 1$;

④退火选择:$A_{k+1} = S(A_k), k = k + 1$。

其中,停机条件可以采用最大迭代次数或统计个体最佳适应度连续不变的最大次数。

2.2.4 并行遗传算法

GA 的内在并行性在 Holland 提出 GA 时就得到了认识,因此,在并行计算机上实现 GA 是提高算法性能和效率的有效途径。Grefenstette(1981)对 GA 并行化实现的结构问题进行了全面研究,并给出了多种结构形式,在此仅对其中最基本的三种并行方案进行简单阐述。

1. 同步主仆式

遗传算法的同步主仆式并行执行方案,如图 2.3 所示。

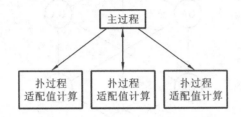

图 2.3   同步主仆式并行遗传算法框图

在这种并行方式中,一个主过程协调若干个仆过程。其中,主过程控制选择、交叉和变异的执行,仆过程仅执行适配值的计算。这种并行化方式很直观,且易于实现,但是也存在两个主要的缺点:若各仆过程计算适配值的时间存在明显差异时,将会造成整个系统长时间的等待;整个系统可靠性较差,对主过程状况的依赖性较大。

2. 异步并发式

遗传算法的异步并发式并行执行方案,如图 2.4 所示。

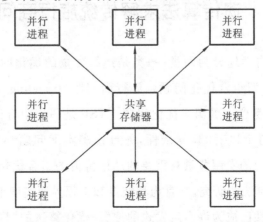

图 2.4   异步并发式并行遗传算法框图

在这种并行方式中,通过存取一个共享存储器,若干个同样的处理机彼此无关地执行各个遗传算子和适配值的计算。只要存在一个并行进程,同时共享存储器可继续运行,则整个系统就可以进行有效的处理。显然,这种方式不易实现,但可以大大提高系统的可靠性。

3. 网络式

遗传算法的网络式并行执行方案,如图 2.5 所示。

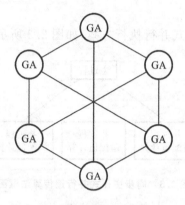

图 2.5 网络式并行遗传算法

在这种并行方式中,若干个无关的遗传算法分别在独立的存储器上进行独立的遗传;操作和适配值计算,同时各个子群体在每一代中发现的最佳个体通过相应的通信网络传送给其他子群体。与前两种方式相比较,由于存在通信时的间断,该方式的连接带宽缩小了。但是,由于各独立过程的自治性,系统的可靠性提高了。

2.3 遗传算法求解传统旅行商问题

优化问题可以自然地分为两类:一类是连续变量的优化问题;一类是离散变量的优化问题,即所谓组合优化问题。旅行商问题(traveling salesman problem,TSP)就可以抽象为数学上的组合优化问题。TSP 是图论中有代表性的组合优化问题,已被证明具有 NPC 计算复杂性,并且许多实际问题都可以转化为 TSP。TSP 是一个具有广泛的实用背景与重要的理论价值的组合优化难题,求解该问题的高效的全局优化算法的研究,一直为科技界和工程界所高度重视。

TSP 因其典型性已成为许多启发式的搜索、优化算法的间接比较标准。就其本质而言,遗传算法是处理复杂问题的一种强鲁棒性的启发式随机搜索算法。遗传算法在 TSP 求解方面的应用研究,对于构造适当的遗传框架,建立有效的遗传操作,以及有效地解决 TSP 等具有多方面的重要意义。本节讨论若干衍生的 TSP,针对基于遗传算法的 TSP 求解,尝试了多种遗传操作,分析了各种操作在遗传算法中的作用,得出了一些相关的结论。

2.3.1   TSP 的数学描述

TSP 的描述十分简单,即寻找一条最短的遍历 N 个城市的路径,其数学描述如下:

设有 N 个城市的集合 $C = \{c_1, c_2, \cdots, c_N\}$,每两个城市之间的距离为 $d(c_i, c_j) \in R^+$,其中,$c_i, c_j \in C (1 \leqslant i, j \leqslant N)$,求使目标函数

$$T_d = \sum_{i=1}^{N-1} d(c_{\Pi(i)}, c_{\Pi(i+1)}) + d(c_{\Pi(N)}, c_{\Pi(1)}) \tag{2.22}$$

达到最小的城市序列 $\{c_{\Pi(1)}, c_{\Pi(2)}, \cdots, c_{\Pi(N)}\}$,其中,$\Pi(1), \Pi(2), \cdots, \Pi(N)$ 是 $l, 2, \cdots, N$ 的全排列。

遗传算法充分利用适应度函数的信息而完全不依靠其他补充知识。正是基于遗传算法的这一特点,对于各种 TSP 只需找到它们各自的目标函数,以此作为适应度评估的基础,就可以将解决问题的遗传方案统一起来。对于现实问题,由于限制条件的增加,TSP 可衍生出许多相关的问题,通常有以下几种。

1. 有时间约束的 TSP

要求在一定时间内访问每个城市,就会产生有时间约束的 TSP。由一个旅行商访问 N 个城市,要求访问每个城市一次且仅一次,尽可能在一定时间范围内访问,否则将产生等待或延迟损失,求成本最小的旅行路线。下面推导该问题的目标函数。

以 $1, 2, \cdots, N$ 表示 N 个城市,以 c_{ij} 表示旅行商从城市 i 到城市 j 的运输成本,若 $i = j$ 可以将 c_{ij} 赋为 0;t_{ij} 表示旅行商从城市 i 到城市 j 所花费的时间;s_i 表示旅行商到达城市 i 的时刻,要求尽可能落在时间范围 $[A_i, D_i]$ 内;x_{ij} 为 $0-1$ 决策变量,取值为 1 表示旅行路线中包括路段 (i, j),取值为 0 表示旅行路线中不包括路段 (i, j)。t_{ij} 和 s_i 有以下关系

$$s_j = s_i + t_{ij} + \max(A_i - s_i, 0) \tag{2.23}$$

不妨设城市 1 为旅行商问题的出发点和返回点,则该问题的目标函数为

$$O_b = \sum_{i=1}^{N} \sum_{j=1}^{N} c_{ij} x_{ij} + \alpha \sum_{j=2}^{N} \max(A_j - s_j, 0) + \beta \sum_{j=2}^{N} \max(s_j - D_j, 0) \tag{2.24}$$

式(2.24)右端由三部分组成:第一部分表示不考虑时间约束的旅行费用(或距离,在简单 TSP 中距离和费用是成正比的);第二部分表示旅行商到达城市 i 的时刻早于 A_i,则在该城市等待,等待单位时间处以惩罚值 α;第三部分表示若旅行商到达城市 i 的时刻晚于 D_i,则推迟访问,推迟单位时间处以惩罚值 β。

如果旅行商必须在给定的时间范围内访问各个城市,超过时间范围,所得到的旅行商路线为不可行解,则该问题的目标函数如下

$$O_b = \sum_{i=1}^{N} \sum_{j=1}^{N} c_{ij} x_{ij} + \gamma \sum_{j=2}^{N} \max(A_j - s_j, 0) + \gamma \sum_{j=2}^{N} \max(s_j - D_j, 0) \quad (2.25)$$

其中,除了 γ 外,各变量的含义同式(2.24)。由于如果不满足给定的时间约束,就为不可行解,所以这里的 γ 应为一趋于正无穷的参数。需要指出的是,由于遗传算法的初始群体是随机选取的。这样,在初始群体中会出现部分不可行解,这里允许不可行解的存在,但它们的适应度将很低,随着代数的增加,不可行解将逐步被淘汰。

2. 多重 TSP

多重 TSP 是指由 $m(1 \leqslant m \leqslant M)$ 个旅行商共同访问 N 个城市,M 为最大允许的旅行商数,旅行商从同一个指定的城市(中心城市)出发,分别旅行一条路线,使得其余每个城市有且仅有一个旅行商作一次访问,最后回到原来的出发城市,要求总的旅行路程最短。首先这个问题在编码上就不同于一般的 TSP,但可以通过增加虚拟城市的方法转换成直接对城市进行编码。不妨设由中心城市 1,需旅行商到其余编号为 $2,3,\cdots,N$ 的 $N-1$ 个城市,设派 M 个旅行商来完成这样的访问。通过设置 $M-1$ 个虚拟城市(实际上代表同一个出发的中心城市)且编号分别为 $N+1,N+2,\cdots,N+M-1$ 来解决在编码上存在的问题。需要指出的是,在计算距离的时候按实际意义计算,如 $N+l$ 和 $N+2$ 到城市 k 的距离是一样的,因为 $N+I$ 和 $N+2$ 是同一个出发城市,只是标号不同。这样就可以将多重 TSP 转化为求解 $N+M-1$ 个城市的普通 TSP。例如,6 个城市,由两个旅行商进行访问,数字是城市编号,城市 7 是虚拟城市,串码为 1—2—3—6—7—4—5 表示了两条子路径:a=1—2—3—6—1,b=1—4—5—1,这样就可以很容易地确定出目标函数。

3. 时间约束性多重 TSP

时间约束性多重 TSP 基本上可以看成是上述两种情况的组合,其解决方法可以先将多重问题转化为普通约束性 TSP,再按已经讨论过的方法确定目标函数,从而确定适应度函数。至此,可以将三种衍生的 TSP 转化为普通的 TSP,用遗传

算法进行有效的求解。

2.3.2　求解 TSP 的遗传算法

1.编码方式与适应度函数

在求解 TSP 的各种遗传算法中,多采用以遍历城市的次序进行编码的方法,本章也采用这种最自然的编码方式。在可行解群体的初始化、交叉操作以及变异操作中均隐含了 TSP 的合法约束条件,即城市代码不重复出现。适应度函数取线性定标,即

$$f = \frac{\alpha \sqrt{n} M}{T_d} \tag{2.26}$$

其中,α 为预先设定的常数,n 为城市的数目,M 为包含所有城市的最小正方形的边长,T_d 为根据式(2.22)计算得出的实际路径长度,即目标函数。

2.初始群体生成

在满足 TSP 的约束条件的前提下,对种群的初始化进行改进,将随机选取与贪心法结合应用于初始化操作,产生包含较优值的初始种群。贪心法实际上就是将每一步取局部最优的求解方法。本章在由贪心法找到的局部优化路径中,取最好的若干条包含进初始群体。这样初始群体中就包含了由贪心法得到的局部优化解和其余随机产生的个体。

3.选择操作

方式一　采用按比例选择的方式和最劣死亡方式使群体得到更新,即从父代中按比例选取两父本进行交叉,在得到的两个子代中,选择一个适应度高的替代父代群体中适应度最低的个体。若交叉后产生的子代的适应度比父代中适应度最差的还低时,则取消本次操作,重新选取父代进行交叉。

方式二　考虑到遗传算法初始群体中的个体一般是随机产生的,初始群体中的个体均匀地分布在整个串空间,在遗传迭代的早期,群体中个体适应度差别很大,在按比例选择时,适应度低的个体被选中的机会很小,低适应度值个体淘汰太快,容易使算法收敛于局部最优解;在遗传迭代的晚期,群体个体适应值差别不大,按比例选择时,"优胜劣汰"的作用不明显,算法收敛速度慢。于是针对方式一提出了一种改进的选择策略。在进化的初期仍然用式(2.26)确定的适应度差别不是特别大,沿用方式一的方法。在进化的晚期,由式(2.26)确定的适应度差别很小,先对群体中个体的适应值进行变换,再按个体适应值大小的比例进行选择,

具体方法是:先将参与选择的 N 个个体按适应值从小到大的顺序编号,如果适应值相同,可以随意排列,然后以个体的序号作为其变换后的适应值,即 N 个个体的适应值分别变换为 $1,2,3,\cdots,N$,编号为 m 的个体被选中的概率为

$$p = \frac{2m}{N(1+N)}, 1 \leqslant m \leqslant N \qquad (2.27)$$

在最终结果中为了统一适应度值的比较,在模拟实验中输出的适应值结果中仍采用变换前的适应度值,即由式(2.26)确定的值。

4. 交叉操作

为了考察基因片段在求解 TSP 中的重要性,本章采用了 7 种交叉操作.

(1)PMX(partially matched crossover)法,该方法是由 Goldberg 和 Lingle 提出的部分匹配交叉操作。在两父代染色体中随机选取一段,利用两父代染色体在所选段内的元素定义一系列交换,这些交换可以在每条父代染色体上分别执行产生子代染色体。例如

$$A=10 \quad 8 \quad 6/4 \quad 5 \quad 7 \quad 9/3 \quad 1 \quad 2$$

则所选段内的元素所定义的一系列交换为

$$4 \leftrightarrow 6 \mid 5 \leftrightarrow 1 \mid 7 \leftrightarrow 4 \mid 9 \leftrightarrow 2$$

注意到 4 只是 6,7 之间的连接元素,所以合并后有关系 $6 \leftrightarrow 7 \mid 5 \leftrightarrow 1 \mid 9 \leftrightarrow 2$,这样产生的子代为

$$A'=10876142359$$

$$B'=62845791103$$

(2)OX(order crossover)法,该方法是由 Davis 提出的一种交叉方法。在两个父串中随机选择一个匹配区域,如

$$A =1 \quad 2 \quad 3/4 \quad 5 \quad 6 \quad 7/8 \quad 9$$

$$B=4 \quad 5 \quad 2/1 \quad 8 \quad 7 \quad 6/9 \quad 3$$

首先将匹配区域复制到子代中

$$A'=\times\times\times/4567/\times\times$$

$$B'=\times\times\times/1876/\times\times$$

然后,将第二个交叉点后的码作为初始码,按原顺序重新排列有

$$9—3—4—5—2—1—8—7—6$$

$$8—9—1—2—3—4—5—6—7$$

删除匹配区域中已存在的码有 9—3—2—1—8 和 9—2—3—4—5。将上述操作得

到的子段从第二个交叉点后开始填充,最终得子代

$$A' = 218456793$$
$$B' = 345187692$$

(3)类 OX 法一(OX-type 1),现简介如下:在两个父串中随机选择一个匹配区域,如父串及匹配区域选定为

$$A = 1\ 2/3\ 4\ 5\ 6/7\ 8\ 9$$
$$B = 9\ 8/7\ 6\ 5\ 4/3\ 2\ 1$$

首先将 B 的匹配区域加到 A 的前面,A 的匹配区域加到 B 的前面,得到

$$A' = 7654/123456789$$
$$B' = 3456/987654321$$

然后在 A' 中自匹配区域后依次删除与匹配区域中相同的城市代码,得到最终的两个子串为

$$A'' = 7\ 6\ 5\ 4\ 1\ 2\ 3\ 8\ 9$$
$$B'' = 3\ 4\ 5\ 6\ 9\ 8\ 7\ 2\ 1$$

(4)类 OX 法二(OX-type 2),将匹配区域换成随机选取的几个随机位。先随机产生几个随机位,如两个父串为

$$A = 1\ 2\ 3\ 4\ 5\ 6\ 7\ 8\ 9$$
$$B = 9\ 8\ 7\ 6\ 5\ 4\ 3\ 2\ 1$$

随机选取第 2,4 位,其对应的城市标号为 2,4,8,6,在父串中保持这些城市的位置不变,其余的位按顺序对换位置。

$$A' = \_2\_4\_6\_8\_$$
$$B' = \_8\_6\_4\_2\_$$

其余的位分别按 9—7—5—3—1 和 1—3—5—7—9 填入,最终得两个子串为

$$A'' = 9\ 2\ 7\ 4\ 5\ 6\ 3\ 8\ 1$$
$$B'' = 1\ 8\ 3\ 6\ 5\ 4\ 7\ 2\ 9$$

(5)单点交叉映射法,举例说明如下:记两父串为 A、B,随机选取交叉点,设两父串及交叉点选定为

$$A = 9\ 1\ 4\ 5\ 6/7\ 8\ 3\ 2$$
$$B = 6\ 8\ 1\ 2\ 3/9\ 5\ 4\ 7$$

执行简单的交叉后得到

$$A' = 9\ 1\ 4\ 5\ 6/9\ 5\ 4\ 7$$

$$B'=6\ \ 8\ \ 1\ \ 2\ \ 3/7\ \ 8\ \ 3\ \ 2$$

对于交叉点前的码,检查其出现的遍历重复,依据交叉点后的位置映射关系,逐一进行交换,对于 A'有 9→2｜5→8｜4→3,对于 B'有 8→5｜3→4｜2→9,于是有

$$A''=2\ \ 1\ \ 3\ \ 8\ \ 6\ \ 9\ \ 5\ \ 4\ \ 7$$
$$B''=6\ \ 5\ \ 1\ \ 9\ \ 4\ \ 7\ \ 8\ \ 3\ \ 2$$

(6)单点顺序交叉法,举例说明如下:设两父串为 A,B。随机选取交叉点,定义交叉点后面为匹配区域。首先将 A 和 B 的匹配区域分别加到 B 和 A 的前面,得到 A'和 B',然后分别在匹配区域后依次删除与匹配区域相同的码得最终子串 A″和 B″。假如,设

$$A=9\ \ 1\ \ 4\ \ 5\ \ 6/7\ \ 8\ \ 3\ \ 2$$
$$B=6\ \ 8\ \ 1\ \ 2\ \ 3/9\ \ 5\ \ 4\ \ 7$$

则依上述操作可得

$$A'=9\ \ 5\ \ 4\ \ 7/9\ \ 1\ \ 4\ \ 5\ \ 6\ \ 7\ \ 8\ \ 3\ \ 2$$
$$B'=7\ \ 8\ \ 3\ \ 2/6\ \ 8\ \ 1\ \ 2\ \ 3\ \ 9\ \ 5\times 4\ \ 7$$
$$A''=9\ \ 5\ \ 4\ \ 7\ \ 1\ \ 6\ \ 8\ \ 3\ \ 2$$
$$B'=7\ \ 8\ \ 3\ \ 2\ \ 6\ \ 1\ \ 9\ \ 5\ \ 4$$

(7)位置信息法,即将一个父串中的城市编号作为另一个父串中的城市位置号,互相替换,例如,若父串分别为

$$A=3\ \ 5\ \ 4\ \ 6\ \ 2\ \ 1\ \ 7\ \ 8\ \ 9$$
$$B=6\ \ 7\ \ 5\ \ 3\ \ 4\ \ 2\ \ 1\ \ 9\ \ 8$$

位置编号为 index=1,2,3,4,5,6,7,8,9,则最终子串为

$$A'=7\ \ 1\ \ 6\ \ 2\ \ 4\ \ 3\ \ 5\ \ 9\ \ 8$$
$$B'=2\ \ 4\ \ 6\ \ 5\ \ 7\ \ 3\ \ 1\ \ 9\ \ 8$$

5.变异操作

本节在不同的遗传操作组合中,采用了 4 种变异操作。

(1)对换变异,即随机选择串中的两点,交换其值。例如,对于串

$$A=1\ \ 2\ \ 3\ \ \underline{4}\ \ 5\ \ 6\ \ \underline{7}\ \ 8\ \ 9$$

若对换点为 4,7,则经过对换后为

$$A=1\ \ 2\ \ 3\ \ \underline{7}\ \ 5\ \ 6\ \ \underline{4}\ \ 8\ \ 9$$

(2)插入变异,即从串中随机选择一个码,将此码插入随机选择的插入点之

间。例如,对于上述 A 而言,若选择插入码为 5,选择插入点为 2,3 之间,则

$$A' = 1 \ 2 \ 5 \ 3 \ 4 \ 6 \ 7 \ 8 \ 9$$

(3)移位变异,即对串中的每一位,都进行是否发生变异的判断,对没有发生变异的位保持不变,发生变异的位依次进行移位循环操作。例如,仍对于

$$A = 1 \ 2 \ 3 \ 4 \ 5 \ 6 \ 7 \ 8 \ 9$$

若第 3,6,7 位通过变异率,即对应这些位通过伯努利试验,则其余位不变,只有这些位上的码发生移位变换,按上述规则产生的子串为

$$A' = 1 \ 2 \ 7 \ 4 \ 5 \ 3 \ 6 \ 8 \ 9$$

(4)目标导向变异,这是一种基于贪心法思想的启发式变异操作,贪心法的思想是每步取局部最优;反之,在一个串中相邻的某两个码之间的距离是整个串中相邻码距离最大的,那么这两个码相邻的不合理性要大一些。随机地将这两个码中的一个与随机产生的另一个码进行对换。这里的目标导向是指如果变异后的适应值没有变大,则重新进行这次操作,如果仍然得不到更高的适应值,则取两个码中的另一个码,重复上面的操作,如果适应值依然没有变大,姑且认为这两个码是较合理的,就随机选取两位进行对换操作;否则,用变异后的串替代原串。

6.进化逆转操作

进化逆转操作是在串中随机选择两点(两点间称为逆转区域),再将逆转区域内的子串按反序插入到原位置。例如,设串 A 为

$$A = 1 \ 2 \ 3/4 \ 5 \ 6/7 \ 8 \ 9$$

若选择逆转点为 3,6,则进化逆转后串 A 变为

$$A' = 1 \ 2 \ 3/6 \ 5 \ 4/7 \ 8 \ 9$$

对于一个给定串的两位码间是否要执行进化逆转操作,需经判断决定。例如,设串 A 为

$$A = c_1 c_2 \cdots c_i c_{i+1} \cdots c_j c_{j+1} \cdots c_n \tag{2.28}$$

现对 c_i, c_j 进行判断,若

$$d(c_i, c_j) + d(c_{i+1}, c_{j+1}) < d(c_i, c_{i+1}) + d(c_j, c_{j+1}) \tag{2.29}$$

则定义

$$A = c_1 c_2 \cdots c_i / c_{i+1} \cdots c_j / c_{j+1} \cdots c_n \tag{2.30}$$

其中,由"/"之间的部分为逆转区域,然后执行进化逆转操作。

对于上述进化逆转判断的执行,首先要根据问题的要求和不同的遗传操作组合来决定逆转判断长度 l,然后在父串中随机选取长度为 l 的子串,对该子串中的

每一位码与其他所有位码进行形如式(2.29)的判断。本章采用的进化逆转是一种单向(朝着进化的方向)和连续多次的逆转操作,即对于给定的串,若进化逆转使串的适应度提高,则执行进化逆转操作,如此反复,直至不存在这样的进化逆转操作为止。

2.3.3 模拟实验结果与分析

1.不同遗传操作组合的算法

为了考察不同遗传操作在求解 TSP 中的重要性,进行多种遗传操作组合的模拟实验。为了以下叙述方便,一些操作的名称采用以下方式简记:单点交叉映射法(mapping approach of single-point crossover,MSPX),单点顺序交叉法(order crossover approach of a single point,OSPX),位置信息法(position information,PIX),对换变异(reciprocal exchange mutation,REM),插入变异(insertion mutation,IM)。移位变异(translocation mutation,TM),目标导向变异(object-oriented mutation,OOM),并约定用 PMX-1 表示 PMX 中要求匹配区域无相同码,PMX-2 表示对匹配区域内的码无限制,$A+B$ 表示进化过程中随机使用操作算子 A 和算子 B,$A\parallel B$ 表示进化初期使用算子 A,后期使用算子 B。各种遗传操作组合成的算法如表 2.1 所示。

表 2.1　各种遗传操作组合

	GA0	GA1	GA2	GA3	GA4	GA5	GA6	GA7	GA8	GA9	GA10	GA11	GA12
交叉	OX-1	OX-1	OX-1	OX-1	OX-1	OX	OX-2	PMX-1	PMX-2	PMX∥OX	MSPX	OSPX	PIX
变异	REM	IM	REM+IM	TM	OOM	REM	REM	IM	IM	IM	REM	REM	REM

以上各操作组合中,采用初始群体随机生成和 2.3.2 小节提到的选择方式一,将 GA8 初始群体生成改为随机产生及贪心法相结合的方式,记该算法为 GA13;将 GA8 中的选择方式改为 2.3.2 小节提到的选择方式二,记该算法为 GA14。

2.模拟实验结果

对于上述各算法,分别进行了模拟实验。计算中采用的有关数据如下:群体规模 100,交叉概率为 0.95,变异概率为 0.003,逆转判断长度 l 取为 1/3 串长,群体更新 3000 代结束。计算结果如表 2.2 所示,表中所列出的 TSP 路径长度为相对长度,其值由下式给出:

$$T = \frac{10^4}{f} \tag{2.31}$$

其中，f 是由式(2.26)给出的适应度函数，式(2.26)中的常数 α 取为 76.5。表中的时间 $t = \text{clock}()/18.2$，其中，$\text{clock}()$ 为程序中调用的库函数。数字模拟实验是在奔腾 IV 1.4GHz 处理器 256MB 内存的 PC 上实现的。表 2.2 中的所有数据都是经过 10 次测试得出的统计平均结果。

表 2.2　各种遗传操作组合求解 TSP 问题

n 算法	200 最佳解	时间/s	400 最佳解	时间/s	600 最佳解	时间/s	800 最佳解	时间/s	总和 最佳解	时间/s
GA0	99.80	21.12	99.82	25.57	104.41	37.58	111.03	59.09	415.06	143.36
GA1	99.80	23.37	99.67	25.14	104.41	37.49	110.87	59.23	414.76	145.23
GA2	99.80	22.14	99.64	25.56	104.37	37.44	110.65	59.01	414.46	144.15
GA3	99.92	26.59	101.22	25.54	105.89	37.55	110.79	59.23	417.82	148.91
GA4	98.90	23.42	99.68	26.47	103.07	38.21	110.69	59.52	412.34	147.62
GA5	99.80	21.01	99.92	25.52	104.35	37.59	110.06	58.57	815.13	142.69
GA6	100.33	23.44	100.47	26.03	105.78	37.23	111.56	58.49	418.14	145.19
GA7	101.78	19.57	102.38	30.10	104.42	38.42	113.53	73.37	422.11	161.46
GA8	99.76	26.51	102.81	25.07	105.54	30.29	113.47	69.36	421.58	151.24
GA9	99.57	26.39	99.97	29.35	103.09	36.27	111.01	71.38	413.46	163.39
GA10	100.63	49.50	106.19	25.26	105.27	31.35	112.65	73.59	424.74	179.70
GA11	100.01	22.47	99.57	25.16	102.36	28.10	110.30	50.50	412.24	126.23
GA12	106.12	87.57	107.01	52.38	109.62	161.37	123.33	201.14	446.08	502.46
GA13	99.80	20.61	100.49	24.02	104.28	28.29	113.26	68.26	418.33	141.18
GA14	99.80	21.45	102.03	24.11	104.44	30.01	113.47	67.73	419.74	143.30

3. 对实验结果的分析

(1)大体上来说，GA0 与 GA1，GA2，GA4 结果无很大的差异，这说明变异算子在整个优化过程所起的作用相对小一些。这主要是变异的概率很小，使变异在整个搜索过程中发生的次数甚微造成的。但也可以注意到它们中的结果的变化还是存在规律性的。

①将 GA2 与 GA1 和 GA0 比较，可以看到从最佳解的角度来说，GA2 要好于GA1 和 GA0，这说明随机使用对换变异和插入变异更容易跳出局部最优解，在一定程度上降低了陷入局部最优解的概率。分析其内在原因，可能是这两种变异机理的不同，对换变异发生一次时同时改变了 4 个城市之间的距离，而插入变异发

生一次同时改变三个城市之间的距离,随机使用这两种变异比单一的一种操作增大了寻优的能力。

②GA3 从最佳解的角度看要比 GA0,GA1,GA2 差。分析其原因,主要是变异算子在整个计算过程中几乎没发生过作用,因为串的长度等于城市的数目,在发生变异的前提下,再对串中的每一位按 0.003 的概率去判断是否通过变异概率,这样一来,实际上大大地缩减了发生变异的概率,在通过交叉陷入局部最优之后,很难跳出来。只有当串的位比较大时发生变异的机会才大,一旦发生,它的破坏作用比较大,跳出局部最优的能力也相对大一点,解决的方法是在利用移位变异时,直接增大变异概率,或定义子变异概率,这个概率的大小取决于串长。

③GA4 的优化结果相对要比 GA0,GA1,GA2,GA3 都好,这主要是因为 GA4 的变异算子是单向的、目标导向的,这是由操作算子本身的机理决定的。

(2)GA5 的结果与 GA0 的结果基本上是一致的。分析其原因,这是由交叉算子本身所决定的。OX 法是保持匹配区域的位置不变:将第二个交叉点后的码作为初始码,按原顺序重新排列,删除匹配区域内存在的码,将上述得到的子串从第二个交叉点开始填充。而类 OX 法始终是将匹配区域移到码前,在匹配区域后依次删除匹配区域中存在的码,实际上两者的差别在于保持不变的基因片段在子代串中的位置的不同,而 TSF 并不取决于城市在串中的序号,TSF 取决于在串中的顺序,所以这两种操作本质上是一样的,因而优化的结果也几乎是一致的。

(3)GA6 的结果要比 GA0 与 GA5 的结果差。分析其原因,虽然 GA6 的交叉操作实质上只是将 GA0 和 GA5 中随机选取的匹配区域换成了随机选取的几个城市,但 GA6 的破坏作用却很大,很容易把较好的基因片段破坏掉,与 GA0 和 GA5 相比较,GA6 对好的基因片段的保序能力相对差一些。

(4)GA0 与 GA7 都是两点交叉,略去变异引起的差异,可以认为 GA0 的结果要明显优于 GA7,分析后认为二者的主要差别在于处理 TSP 中约束条件的方式。为了满足约束,GA0 的交叉采取在匹配区域外删除重复遍历的方式,而 GA2 的交叉则用映射法改变匹配区域外城市位置的方式。考虑实际上的一个较优路径,如果保持其顺序,删去若干城市,那么所得到的路径在很大程度上仍然可能保持较优。但如果把其中若干城市硬性用其他城市去代替,那么一个较优路径则很容易被破坏掉。所以针对 TSP,好的基因片段保序或适应度高的串上基因的大体顺序的保持是比较重要的。

(5)GA7,GA8,GA10 的结果所选用的交叉方式都采用映射改变的方法来满足约束条件。因为这种方法对原来父本中的基因片段有某种程度上的破坏作用，所以其结果相对也要差一些。

①先看 GA7 与 GA8，二者算法类似，差别仅在于 GA7 要求两串的匹配区域内无相同代码。在 GA7 中虽然交叉点也是随机选取的，但若匹配区域很长，必然容易出现相同代码，此时只能重新选取匹配区域，所以 GA7 的匹配区域，即要保序的片段往往比 GA8 的短。在匹配区域以外的破坏要比 GA8 的相对小一些。需要指出的是，以下所说的保序能力的高低对应于保序片段的大小，对串的破坏性是指对匹配区域以外的部分而言的。通常认为，一个好的交叉操作应满足在进化的初期，对串的破坏性要相对大一些，保序的片段要相对小一些，以促进适应度高的个体的产生；在进化的晚期，对串的破坏性要小一些，保序的片段要相对大一些，以对适应度高的个体给予适当的保护。这样看来，GA7 与 GA8 的差别一方面在于匹配区域本身，另一方面是由匹配区域内确定的映射在匹配区域外所引起的破坏性问题上。这样 GA7 与 GA8 相对比较，在进化的不同时期也有其不同的优点。这是造成结果无规律的一个原因。

②从 GA8 与 GA10 的结果分析也验证了上面的分析。GA8 与 GA10 的区别，仅在于一个是两点交叉，一个是单点交叉。由于在 TSP 中，有效路径的长度只与城市的排列次序有关，而与出发点的城市位置无关，所以，对 GA8 的任一个交叉过程，可以设想为在交叉前增加一个操作，使得在保证对应城市次序不变的前提下，适当改变初始城市的位置，将匹配区域移至最后，这样，两点交叉实际上变成了单点交叉。可见，二者在方法上是一致的。其差别也归结到匹配区域的长度和由匹配区域内确定的映射在匹配区域外所引起的破坏性问题上。它们的结果也无大异，但无规律可循。为了进一步验证我们的分析，增加了算法 GA9。下面分析 GA9。

(6)GA9 同 GA8 的差别是在初期使用 PMX 法，后期使用 OX 法。GA9 的结果明显优于 GA8，在一定程度上也优于 GA5。前面已经说明了 PMX 法的保序性比 OX 法弱，其破坏性比 OX 法大。这样在迭代的初始阶段，可以用 PMX 法来模拟自然界的最初进化过程，扩大算法的搜索空间，产生更多的子代品种，在迭代到获得较好的局部解时，采用 OX 法，利用 OX 法得到的子代就可以较多地保留父代的基因片段。

(7)GA0 与 GA11 的差别仅在于一个是两点交叉，一个是单点交叉。可以从这样的角度去看 GA11，它是一个特殊的两点交叉，其第二个交叉点不能随机选取,而是被固定在最后一个位置,因此,GA0 与 GA11 在方法上是一致的。二者的差别在于匹配区域统计平均长度不同。GA0 的匹配区域长度期望值是 1/3 串长,而 GA11 的匹配区域长度期望值是 1/2 串长。就 GA11 来说,它相对于 GA0 的基因保序能力高,破坏性小。一方面好的基因片段容易存活下来,不受破坏;另一方面差的基因相对难以进化。所以,它和 GA0 在进化的不同阶段也有各自的优点。

(8)GA12 的优化质量、优化效率明显要比其他算法差。这是由于在 GA12 中没有保留匹配区域,使得子代与亲代间的遗传信息在迭代过程中大量丧失。由此可见,一般来说,匹配区域长度的适当设定,即基因片段的保序是必需的。这一点在 GA6 中已经得到了验证。

(9)比较 GA13 与 GA8 的优化结果表明,对初始群体的产生施以一定的优化,对优化结果的影响可能并不大,但可以提高优化效率。

(10)比较 GA14 与 GA8 的结果可以看出,GA14 的结果略优于 GA8,分析表明适应度函数的适当选取对优化的效果是重要的。如何选取适应度,要考虑到适应度函数是否在整个遗传操作过程中都适合于用来评价解的状态,而且是否利于体现"优胜劣汰"的原则。适当的适应度函数不仅可以提高优化结果,而且可以提高优化效率。

最后,针对上述讨论中多次提到的匹配区域的长度与对匹配区域外的破坏性的关系上作一点讨论。这里以交叉操作时采取映射变换删去匹配区域外重复码为例进行讨论。当匹配区域较长时,该区域直接传递给子代,故保持父本信息的程度也较高;匹配区域较短时,重复遍历较少,故此时破坏作用较小,较多地保留了父代信息;匹配区域适中时,子代匹配区域保留父代信息并不充分,匹配区域外被破坏掉的基因反而较多,故此时保留父本信息的程度最低。所以,匹配区域长度如何选取,与基因个数的多少是否有何具体关系,也仍是一个值得探讨的问题。

总体上说,算法 GA4 和 GA11 在解的质量和寻优的速度上优于其他算法。从相对长度的总和与花费时间的总和上看,算法 GA11 和 GA12 分别是最优和最差的算法。图 2.6~图 2.9 为 $n=200,400,600,800$ 时分别由算法 GA4,GA11,GA11,GA11 得到的最佳路线图。

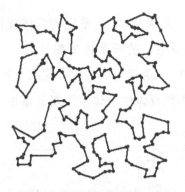

图 2.6　$n=200$ 时最佳路线图

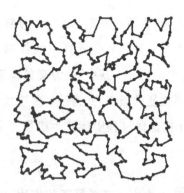

图 2.7　$n=400$ 时最佳路线图

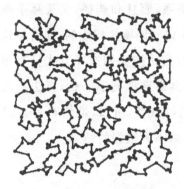

图 2.8　$n=600$ 时最佳路线图

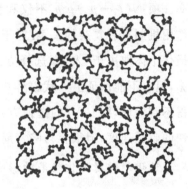

图 2.9　$n=800$ 时最佳路线图

4. 选择方式对优化结果的影响

为了考察选择方式对 TSP 优化结果的影响，下面在 GA0 中将选择方式改为联赛选择方法，记该算法为 GA0 ＊ 。将所得的结果列于表 2.3，表 2.3 中所有数据都是经过 10 次测试得出的统计平均结果。由于算法 GA0 和 GA0 ＊ 在运行相同代数的时间基本一致，所以表 2.3 中没有列出算法的执行时间。

表 2.3　选择操作优化结果影响的比较(600 个城市)

n 算法	400 最佳解	800 最佳解	1600 最佳解	2500 最佳解
GA0	123.54	112.73	107.96	104.41
GA0 ＊	120.82	110.06	108.57	106.03

从表 2.3 中可以看到进化早期 GA0 ＊ 比 GA0 具有更快的收敛速度，但最终结果却要差于 GA0。分析如下：

由于初始群体随机产生，则初始群体中存在最优个体的概率为

$$p_o^0 = 1 - \left(1 - \frac{m}{w}\right)^N \tag{2.32}$$

其中，w 为解空间的大小，m 为解空间中最优个体的数目，N 为取定的群体规模。考虑交叉算子和变异算子的作用，在第 t 次迭代中生成的新个体的数目为 $n = N(p_c + p_m)p_r p_t$，其中，p_c 为交叉概率，p_m 为变异概率，p_r 为第 t 次迭代生成的个体彼此不重复的概率，p_t 为第 t 次迭代生成的个体与历代群体中个体不重复的概率，则第 t 次迭代过程中能够生成最优个体的概率为

$$p_o^t = \left[1 - \left(1 - \frac{m}{w} \right)^{N(p_c+p_m)p_r p_t} \right] \cdot \lambda_t \tag{2.33}$$

其中，λ_t 为由于选择算子的作用，后一次遗传迭代比前一次更容易生成最优个体的比率。项 $N(p_c + p_m)p_r p_t$ 不仅和设定的参数有关系，而且和选择、交叉算子本身的作用机制有着复杂的关系. 对于算法 GA0 和 GA0* 该项是相同的，能否尽快生成最优个体取决于"人"即选择方式。联赛选择方式比按比例选择方式具有更大的 λ_t，但它不能保证上一代群体中的个体都有机会被选择到下一代，算法的收敛性得不到保证，而 GA0 的选择方式保证了算法的收敛性，所以，虽然 GA0* 具有较快的收敛速度，但很容易陷入局部最优解，最终得不到很好的结果。

5. 进化逆转对优化结果的影响

在求解 TSP 时引入进化逆转操作的作用是使给定的串改良到它的局部极点。为了考察进化逆转操作的局部搜索能力，下面在 GA0 中将逆转判断长度由 1/3 串长扩大到整个串长。这样，一个串中任意两位码均有机会进行逆转判断，记该算法为 GA0′。对于 $n = 800$ 测试得到的优化路径统计结果为 108.42，明显优于 GA0 的 111.03，但它的运行时间却长达 127.72(s)，相当于 GA0 的运行时间 59.09(s) 的两倍。可见进化逆转操作有它自身的两重性：一方面，它的局部搜索能力强，相对于同样的群体更新步数，若扩大逆转判断长度，则容易搜索到较好的局部极点；另一方面，进化逆转操作执行起来耗时较多。考虑到上述原因，在执行 GA0′时将群体更新步数减少至 1400 次，所得的结果列于表 2.4 中，表 2.4 中相应于 GA0 的测试结果仍为执行群体更新步数 3000 次时所得。

表 2.4 进化逆转操作对优化结果影响的比较

算法 \ n	200 最佳解	200 时间/s	400 最佳解	400 时间/s	600 最佳解	600 时间/s	800 最佳解	800 时间/s
GA0	99.80	21.12	99.82	25.57	104.41	37.58	111.03	59.09
GA0′	99.76	19.53	99.68	23.19	104.35	33.09	110.79	56.30
GA12	106.12	87.57	107.01	52.38	109.62	161.37	123.33	201.14
GA12′	104.85	61.42	106.64	43.52	107.38	98.77	118.06	135.18

分析上述实验结果可见，GA0′在路径优化结果与运行时间上总体要比 GA0好。为了进一步考察进化逆转操作对于加速优化收敛的作用，在所列出的算法实验结果最差的一个算法 GA12 中，改变其逆转判断长度，将它由 1/3 串长调至整个串长，记此时算法为 GA12′。在执行 GA12′时将群体更新步数减少至 1400 次，所得的结果仍列于表 2.4 中。表 2.4 中相应于 GA12 的测试结果仍为执行群体更新步数 3000 次时所得。可以看到 GAl2，在路径优化结果与运行时间上总体要比GAl2 好。这说明进化逆转对加速优化收敛是有效的。通过对群体更新步数的减少，可以在很大程度上削减该操作对整体运行时间的影响。考虑到该操作运行需要较长的时间，可以针对不同城市数目，适当选择逆转判断长度，以使得优化质量、优化效率达到最佳。

在测试过程中，我们发现每次测试的路径最优解之间波动较大，而运行时间波动较小。经分析认为，进化逆转操作此时已经充分发挥了作用，但某些可行解可能陷入局部最优。为了克服这种倾向，增大了变异概率，使其由原来的 0.003 增至 0.3，记此时算法为 GA12″。仍设定群体更新 1400 步，对于 $n=600$，再次重复上述实验，将各次测试获得的最优路径、方差与 GA12′的相应结果进行了比较，如表2.5 所示。

表 2.5 进化逆转操作对优化路径结果影响的比较

算法 \ n	1	2	3	4	5	6	7	8	9	10	α^2
GA12′	108.08	107.17	107.15	108.29	108.20	107.09	107.81	107.69	108.31	106.71	0.38
GA12″	107.63	107.45	107.37	107.82	106.90	107.15	107.55	107.43	107.19	107.66	0.08

表 2.5 中平均误差按式(2.34)计算

$$\bar{x} = \frac{1}{n}\sum_{i=1}^{n} x_i, \sigma^2 = \frac{1}{2}\sum_{i=1}^{n} (x_i - \bar{x})^2 \tag{2.34}$$

其中，x_i 为每次测试获得的数值，n 为测试次数。由表 2.5 可见，GA12″已使运算结果得到进一步改善，表明了增加变异概率对算法的性能的影响。在对于GA12′和 GA12″分别进行的 10 次测试中，GA12″的方差已仅为 GA12′的 21%。

第3章 蚁群优化算法

蚁群算法是一种源于大自然生物世界的仿生类算法。作为通用型随机优化方法,该方法吸收了昆虫王国中蚂蚁的行为特性,通过其内在的搜索机制,在一系列困难的组合优化问题求解中取得了成效。本章首先从介绍蚁群算法的生物学基础、基本原理、算法流程开始,然后分析蚁群算法的收敛性,指出基本蚁群算法的不足,继而提出对该算法的几点改进,最后应用蚁群算法求解车辆路径问题。

3.1 基本蚁群优化算法

3.1.1 生物学基础

在昆虫世界中,蚂蚁的组成是一种群居的世袭大家庭,我们称之为蚁群。之所以将蚁群比拟为一个家庭,是因为蚁群中除了亲缘上的互助关系外,成蚁划分为世袭制的蚁王和工蚁两个等级,蚁群的大小从数十个到数千万个,蚁群又具有高度组织的社会性,彼此间的沟通不仅可以借助触觉的、视觉的联系,在大规模的协调行动上可以借助外激素之类的生化信息介质。意大利学者 M. Dorigo、V. Maniezzo 等在观察蚂蚁的觅食习性时发现,蚂蚁总能找到巢穴与食物源之间的最短路径。经研究发现,蚂蚁的这种群体协作功能是通过一种遗留在其来往路径上的称为信息素的挥发性化学物质来进行通信和协调的。化学通信是蚂蚁采取的基本信息交流方式之一,在蚂蚁的生活习性中起着重要的作用。通过对蚂蚁觅食行为的研究,他们发现,整个蚁群就是通过这种信息素进行相互协作,形成正反馈,使多个路径上的蚂蚁逐渐聚集到最短的那条路径上来。虽然单个蚂蚁的行为极为简单,但由单个简单的个体组成的群体却表现出极其复杂的神奇行为,因此蚁学家们将整个蚁群视为一个功能强大的超级生物群。工蚁的觅食行为是最易观察的,工蚁觅食不是在发现食物后就立即进食,而是将食物搬回家与其家庭成员共同分享。每个工蚁具有以下的职能:平时在巢穴附近作无规则行走,一旦发现食物,如果独自能搬的就往回搬,否则就回巢穴搬兵;一路上它会留下外激素的嗅迹。其强度通常与食物的品质和数量成正比;如果其他工蚁遇到嗅迹,就会循迹前进,但也会有一定的走失率(选择其他路径),走失率与嗅迹的强度成反比。

因此,蚁群的集体行为便表现出一种信息正反馈的现象;某一路径上走过的蚂蚁越多,则后来选择该路径的概率就越大,蚂蚁个体之间就是通过这种信息的交流达到搜索食物的目的。

3.1.2　基本原理

蚁群优化算法的基本原理来自昆虫学家们的观察:生物界中的蚂蚁在寻找食物源时,能在其走过的路径上释放一种蚂蚁特有的分泌物(phernmone)——信息素,使得一定范围内的其他蚂蚁能够觉察并影响其行为。当某些路径上走过的蚂蚁越来越多时,留下的这种信息素也越多。以致后来蚂蚁选择该路径的概率也越高,从而更增加了该路径的吸引强度,蚂蚁全体就靠着这种内部的生物协同机制逐渐形成了一条它们自己事先并未意识到的最短路线。蚁群优化算法从这种模型中得到启示并用于解决优化问题。蚁群优化算法中每个优化问题的解都是搜索空间中的一只蚂蚁,蚂蚁都有一个由被优化函数决定的适应度值(与要释放的信息素成正比),蚂蚁就是根据它周围的信息素的多少决定它们移动的方向,同时蚂蚁也在走过的路上释放信息素,以便影响别的蚂蚁。

假定障碍物的周围有两条道路可以从蚂蚁的巢穴到达食物源(如图 3.1 所示):Nest-ABD-Food 和 Nest-ACD-Food,分别具有长度 4 和 6。蚂蚁在单位时间内可以移动一个单位长度的距离。开始时所有道路上都未留有任何信息素。

在 $t=0$ 时刻,20 只蚂蚁从巢穴出发移动到 A 点,它们以相同概率选择左侧或右侧道路,因此平均有 10 只蚂蚁走左侧,10 蚂蚁只走右侧。

在 $t=4$ 时刻,第一组到达食物源的蚂蚁将折回,此时第二组蚂蚁到达 CD 中点处。

在 $t=5$ 时刻,两组蚂蚁将在 D 点相遇。此时 BD 上的信息素数量和 CD 上信息互数量的相同,因为各有 10 只蚂蚁选择了相应的道路,从而有 5 只返回的蚂蚁将选择 BD 而另 5 只蚂蚁将选择 CD,第二组蚂蚁继续向食物方向移动。

在 $t=8$ 时刻,前 5 只蚂蚁将返回巢穴,此时在 AC 中点处、CD 中点处以及 B 点上各有 5 只蚂蚁。

在 $t=9$ 时刻,前 5 只蚂蚁又回到 A 点并且再次面对往左还是往右的选择。

这时,AB 上的轨迹数是 20 而 AC 上的轨迹数是 15,因此将有较为多数的蚂

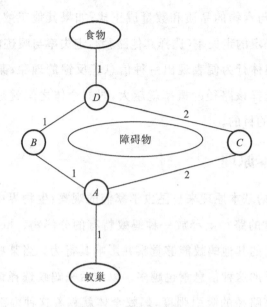

图 3.1　蚁群系统示意图

蚁选择往左,从而增强了该路线的信息素。随着该过程的继续,两条道路上的信息素数量的差距将越来越大,直至绝大多数蚂蚁都选择了最短的路线。正是由于一条道路要比另一条道路短,因此,在相同的时间区间内,短的路线会有更多的机会被选择。

　　蚁群优化算法是一种随机搜索算法,与其他模型进化算法一样,通过侯选解组成的群体的进化过程来寻求最优解。该过程包含两个阶段:适应阶段和协作阶段。在适应阶段,各侯选解根据积累的信息不断调整自身结构;在协作阶段,侯选解之间通过信息交流,以期产生性能更好的解。

　　作为与遗传算法同属一类的通用型随机优化方法,蚁群优化算法不需要任何先验知识,最初只是随机地选择搜索路径,随着对解空间的"了解",搜索变得有规律,并逐渐逼近直至最终达到全局最优解。蚁群优化算法对搜索空间的"了解"机制主要包括 3 个方面:

　　(1)蚂蚁的记忆。一只蚂蚁搜索过的路径在下次搜索时就不会再被选择,由此在蚁群优化算法中建立禁忌列表来进行模拟。

　　(2)蚂蚁利用信息素进行相互通信。蚂蚁在所选择的路径上会释放一种叫做信息素的物质,当同伴进行路径选择时,会根据路径上的信息素进行选择,这样信息素就成为蚂蚁之间进行通信的媒介。

　　(3)蚂蚁的集群活动。通过一只蚂蚁的运动很难到达食物源,但整个蚁群进行搜索就完全不同。当某些路径上通过的蚂蚁越来越多时,在路径上留下的信息素数量也越来越多,导致信息素强度增大,蚂蚁选择该路径的概率随之增加,从而进一步增加该路径的信息素强度,而某些路径上通过的蚂蚁较少时,路径上的信息素就会随时间的推移而蒸发。因此,模拟这种现象即可利用群体智能建立路径选择机制,使蚁群优化算法的搜索向最优解推进。蚁群优化算法所利用的搜索机制呈现出一种自催化或正反馈的特征,因此,可以将蚁群优化算法模型理解成增强型学习系统。

3.1.3 优缺点

蚁群优化算法是继模拟退火算法、遗传算法、禁忌搜索算法、人工神经网络算法等启发式搜索算法以后的又一种应用于优化问题的启发式随机搜索算法。众多的研究结果表明,蚁群优化算法具有很强的发现较好的解的能力,这是因为该算法不仅利用了正反馈原理、在一定程度上可以加快进化过程,而且是一种本质并行的算法,不同个体之间不断进行信息的交流和传递,从而能够相互协作,有利于发现较好解。蚁群优化算法具有以下优点:

(1)蚁群优化算法是一种分布式的本质并行算法。单个蚂蚁的搜索过程是彼此独立的,容易陷入局部最优。但通过个体之间不断的信息交流和传递有利于发现较好解。

(2)蚁群优化算法是一种正反馈算法,路径上的信息素水平较高,将吸引更多的蚂蚁沿这条路径运动,这又使得其信息素水平增加,这样就加快了算法的进化过程。

(3)蚁群优化算法具有较强的鲁棒性。只要对其模型稍加修改,便可以应用于其他问题。

(4)易于与其他算法结合。蚁群优化算法很容易与其他启发式算法相结合,以改善算法的性能。

虽然蚁群优化算法有以上优点,但该算法毕竟是一种新兴的算法,还存在以下缺点:

(1)该算法一般需要较长的搜索时间。蚁群中各个个体的运动是随机的,虽然通过信息交换能够向着最优解进化,但是当群体规模较大时,很难在较短的时间内从大量杂乱无章的路径中找出一条较好的路径。

(2)该算法容易出现停滞现象,即搜索进行到一定程度后,所有个体所发现的解完全一致,不能对解空间进一步进行搜索,不利于发现更好的解。

3.1.4 数学模型

设求解问题因素有 N 个,蚁群中共有 m 只蚂蚁,$\tau_{ij}(t)$ 表示在 t 时刻 i 和 j 组合之间信息素的数量。蚂蚁 k 在运动过程中根据各个路径上的信息素的数量决定下一步的路径。用 $p_{ij}^k(t)$ 表示在 t 时刻蚂蚁 k 由城市 i 转移到城市 j 的概率,则

$$p_{ij}^k = \begin{cases} \dfrac{[\tau_{ij}]^\alpha \cdot [\eta_{ij}]^\beta}{\sum\limits_{s \in \text{allowed}_k} [\tau_{is}]^\alpha \cdot [\eta_{is}]^\beta}, j \in \text{allowed}_k \\ 0, 否则 \end{cases} \tag{3.1}$$

其中,α 是衡量 τ_{ij} 的参数,η_{ij} 是从城市 i 到城市 j 的可见度,一般被定义为 $1/d_{ij}$(d_{ij} 是城市 i 和城市 j 之间的距离),β 是衡量 η_{ij} 的参数,allowed_k 是没有被访问的城市集合。该集合会随蚂蚁 k 的行进过程而动态改变。信息量 $\tau_{ij}(t)$ 也会随时间的推移逐步衰减,用 $1-\rho$ 表示它的衰减程度。经过 n 个时刻,要根据下式对各路径上的信息量作更新

$$\tau_{ij}(t+1) = \rho\tau_{ij}(t) + \Delta\tau_{ij} \tag{3.2}$$

$$\Delta\tau_{ij} = \sum_{k=1}^{M} \Delta\tau_{ij}^k \tag{3.3}$$

$$\Delta\tau_{ij}^k = \begin{cases} \dfrac{Q}{L_k}, ant_k \in \text{edge}(i,j) \\ 0, \qquad 其他 \end{cases} \tag{3.4}$$

其中,$\Delta\tau_{ij}^k$ 表示蚂蚁 k 在本次循环中在组合 i 和 j 之间留下的信息量,基于蚁周模型(Ant-Cycle Model)计算;Q 是信息度强度,它是一个常数;L_k 是第 k 只蚂蚁在本次循环中所走路径的长度。

3.1.5 算法流程

基本蚁群优化算法的实现步骤为:

Step1:初始化参数。时间 t=0,循环次数 N_c=0,设置最大循环次数 N_{cmax},令路径(i,j)的初始化信息量 $\tau_{ij}(t)$=const,初始时刻 $\Delta\tau_{ij}(0)$=0。

Step2:将 m 只蚂蚁随机地放在 n 个城市上。

Step3:循环次数 $N_c \leftarrow N_{c+1}$。

Step4:令蚂蚁禁忌表索引号 $k=1$。

Step5:$k=k+1$。

Step6:根据状态转移概率公式(3.1)计算蚂蚁选择城市 j 的概率,

$j \in \text{allowed}_k$。

Step7：选择具有最大状态转移概率的城市，将蚂蚁移动到该城市，并把该城市记入禁忌表中。

Step8：若没有访问完集合 C 中的所有城市，即 $k < m$，跳转至 Step5；否则，转Step9。

Step9：根据式(3.2)和式(3.3)更新每条路径上的信息量。

Step10：若满足结束条件，循环结束输出计算结果；否则清空禁忌表并跳转到Step3。

基本蚁群优化算法的框图如图 3.2 所示。

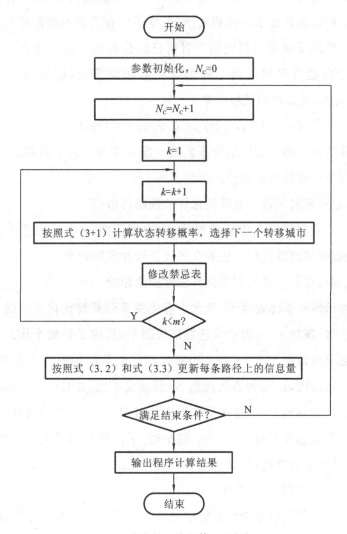

图 3.2　基本蚁群优化算法流程框图

3.1.6　参数选择

探索(Exploration)和开发(Exploitation)能力的平衡是影响算法性能的一个重要方面,也是蚁群优化算法研究的关键问题之一。探索能力是指蚁群优化算法要在解空间中测试不同区域以找到一个局域优解的能力;开发能力是指蚁群优化算法在一个有希望的区域内进行精确搜索的能力。那么该如何设定蚁群优化算法中的各种参数,实现探索和开发能力的平衡呢? 这里,探索与开发实际上就是前面章节所说的全局搜索能力和局域搜索能力。

由于蚁群优化算法参数空间的庞大性和各参数之间的关联性,很难确定最优组合参数使蚁群优化算法求解性能最佳,至今还没有完善的理论依据。大多数情况下是通过试验的反复试凑得到的。目前已经公布的蚁群优化算法参数设置成果都是就特定问题所采用的特定蚁群优化算法而言,以应用最多的蚁周模型(Ant-Cycle)为例,其最好的试验结果为

$$0 \leqslant \alpha, \beta \leqslant 5, 0.1 \leqslant \rho \leqslant 0.990, 10 \leqslant Q \leqslant 10000$$

那么到底有没有确定最优组合参数的一般方法呢? 为了回答这个问题,先分析以下参数对蚁群优化算法性能的影响。

(1)信息素和启发函数对蚁群优化算法性能的影响

信息素 T_{ij} 是表征过去信息的载体,而启发函数 η_{ij} 则是表征未来信息的载体,它们直接影响到蚁群优化算法的全局收敛性和求解效率。

(2)信息素残留因子对蚁群优化算法性能的影响

参数 ρ 表示信息素挥发因子,其大小直接关系到蚁群优化算法的全局搜索能力及其收敛速度;参数 $1-\rho$ 表示信息素残留因子,反映了蚂蚁个体之间相互影响的强弱。信息素残留因子 $1-\rho$ 的大小对蚁群优化算法的收敛性能影响非常大。在 $0.1 \sim 0.99$ 范围内,$1-\rho$ 与迭代次数 N_c 近似成正比,这是由于 $1-\rho$ 很大,路径上的残留信息占主导地位,信息正反馈作用相对较弱,搜索的随机性增强,因而蚁群优化算法的收敛速度很慢。若 $1-\rho$ 较小时,正反馈作用占主导地位,搜索的随机性减弱,导致收敛速度快,但易于陷于局域优状态。

(3)蚂蚁数目对蚁群优化算法性能的影响

蚁群优化算法是通过多个候选解组成的群体进化过程来搜索最优解,所以蚂蚁的数量 m 对蚁群优化算法有一定影响。蚂蚁数量 m 大(相对处理问题的规模),会提高蚁群优化算法的全局搜索能力和稳定性,但数量过大会导致大量曾被搜索

过的路径上的信息量变化趋于平均,信息正反馈作用减弱,随机性增强,收敛速度减慢。反之,蚂蚁数量 m 小(相对处理问题的规模),会使从来未被搜索到的解上的信息量减小到接近于 0,全局搜索的随机性减弱,虽然收敛速度加快,但会使算法的稳定性变差,出现过早停滞现象。经大量的仿真试验获得:当城市规模大致是蚂蚁数量的 1.5 倍时,蚁群优化算法的全局收敛性和收敛速度都比较好。

(4)启发式因子、期望启发式因子、信息素强度对蚁群优化算法性能的影响

启发式因子 α 反映蚂蚁在运动过程中所积累的信息量在指导蚁群搜索中的相对重要程度。α 越大,蚂蚁选择以前走过路径的可能性就越大,搜索的随机性减弱;α 越小,易使蚁群优化算法过早陷入局域优。

期望启发式因子 β 反映了启发式信息在指导蚁群搜索过程中的相对重要程度,这些启发式信息表现为寻优过程中先验性、确定性因素。β 越大,蚂蚁在局部点上选择局部最短路径的可能性越大,虽然加快了收敛速度,但减弱了随机性,易于陷入局部最优。

信息素强度 Q 为蚂蚁循环一周时释放在所经路径上的信息素总量。Q 越大,蚂蚁在已遍历路径上信息素的累积越快,加强蚁群搜索时的正反馈性,有助于算法的快速收敛。

基于以上各种参数对算法收敛性的影响,段海滨提出了设定蚁群优化算法参数"三步走"的思想。其步骤如下:

Step1:确定蚂蚁数目,确定原则:城市规模/蚂蚁数目≈1.5。

Step2:参数粗调,调整取值范围较大的信息启发式因子 α、期望启发式因子 β 以及信息素强度 Q 等参数,以得到较理想的解。

Step3:参数微调,调整取值范围较小的信息素挥发因子 ρ。

3.1.7　收敛性分析

蚁群优化算法的发展需要坚实的理论基础,这方面的工作还极其缺乏。关于蚁群优化算法收敛性的数学证明并不太多,大多数文献只研究了某些特定的蚁群优化算法的收敛性,对于一般性蚁群优化算法的收敛性证明未给出。Gutjahr 在其论文中借助图论工具证明了蚁群优化算法的收敛性,该文将问题实例转化为构造图,将可行解编码转化为构造图中的路,在此基础上,在某些给定条件下,蚁群优化算法可以任意接近 1 的概率收敛到全局最优解,但这只是一个初步工作。Thomas Stuezle 从极限理论对一种特殊的蚁群优化算法收敛性进行了分析。孙

焘等学者提出了一种可用于函数优化的简单蚂蚁算法,并对其收敛性作了研究。段海滨等学者提出与 Thomas Stuezle 很类似的方法,对算法的全局收敛性进行了研究。由于蚂蚁算法在实际应用中形式千变万化,蚁群优化算法最初出发点是在一个图中找最短路,本章从一个最简单的最短路问题的蚁群优化算法入手,对其收敛性及相关参数问题进行一些初步分析。

假设 A、B 之间有 m 条路径 $AC_1B,AC_2B,\cdots,AC_mB$(如图 3.3 所示),路径长度分别为 $d_1,d_2,\cdots,d_m$,不失一般性,假设 $d_1\leqslant d_2\leqslant\cdots\leqslant d_m$。$n$ 只蚂蚁在 A、B 之间往返爬行,依照蚁群优化算法,随着时间的推移,大多数蚂蚁应在路径 AC_1B 上,那么就认为 A、B 之间的最短路径是 AC_1B,下面推导寻找最短路的蚁群优化算法的选择 AC_1B 的概率接近 1 的条件。

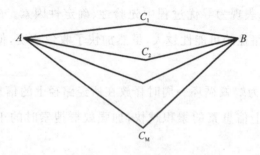

图 3.3 最短路问题

假设 $q_{i,k}$ 表示蚂蚁爬行第 k 趟后留在路径 AC_iB 上的平均信息素,$p_{i,k}$ 表示蚂蚁爬行第 k 趟后选择路径 AC_iB 上的平均概率。初始时刻,各条路径上的信息量相等,均为 C。

定理 3.1 当 $\alpha\geqslant0,\beta\geqslant0$ 时,$q_{1,k}\geqslant q_{2,k}\geqslant\cdots\geqslant q_{m,k},p_{1,k}\geqslant p_{2,k}\geqslant\cdots\geqslant p_{m,k},k=1,2,\cdots$。

证 当 $\alpha\geqslant0,\beta\geqslant0$ 时,则

$$P_{i,0}=\frac{\dfrac{C^a}{d_i^\beta}}{\sum_{j=1}^m\dfrac{C^a}{d_j^\beta}}$$

由 $d_1\leqslant d_2\leqslant\cdots\leqslant d_m$,可知 $p_{1,0}\geqslant p_{2,0}\geqslant p_{m,0}$

$$q_{i,1}=\rho C+np_{i,0}\frac{Q}{d_i}$$

从而 $q_{1,0}\geqslant q_{2,0}\geqslant\cdots\geqslant q_{m,0}$

$$p_{i,1} = \frac{\frac{q_{i,1}^q}{d_i^\beta}}{\sum\limits_{j=1}^m \frac{q_{j,1}^a}{d_j^\beta}}, p_{1,1} \geqslant p_{2,1} \geqslant \cdots \geqslant p_{m,1}$$

以此类推，得到

$$q_{i,k} = \rho q_{i,k-1} + n p_{i,k-1} \frac{Q}{d_i}, p_{i,k} = \frac{\frac{q_{i,k}^a}{d_i^\beta}}{\sum\limits_{j=1}^m \frac{q_{j,k}^a}{d_j^\beta}}$$

由数学归纳法可知：当 $\alpha \geqslant 0, \beta \geqslant 0$ 时，$q_{1,k} \geqslant q_{2,k} \geqslant \cdots \geqslant q_{m,k}, p_{1,k} \geqslant p_{2,k} \geqslant \cdots \geqslant p_{m,k}$。

定理 3.1 说明每趟运行完后，AC_1B 上的平均信息素最多，选择路径 AC_1B 上平均概率最大。

定理 3.2 当 $a \geqslant 1, \beta \geqslant 0$ 时，$\frac{q_{j,k}}{q_{1,k}} - \frac{q_{j,k-1}}{q_{1,k-1}} < 0, k=1,2,\cdots,m, j=2,3,\cdots,m$。

证 $\frac{q_{j,k}}{q_{1,k}} - \frac{q_{j,k-1}}{q_{1,k-1}} = \frac{\rho q_{j,k-1} + n p_{j,k-1}\frac{Q}{d_j}}{\rho q_{1,k-1} + n p_{1,k-1}\frac{Q}{d_1}} - \frac{q_{j,k-1}}{q_{1,k-1}} = \frac{nQ\left(\frac{p_{j,k-1}q_{1,k-1}}{d_j} - \frac{p_{1,k-1}q_{j,k-1}}{d_1}\right)}{\left(\rho q_{1,k-1} + n p_{1,k-1}\frac{Q}{d_1}\right)q_{1,k-1}}$

若要求 $\frac{q_{j,k}}{q_{1,k}} - \frac{q_{j,k-1}}{q_{1,k-1}} < 0$，即要求：$\frac{p_{j,k-1}q_{1,k-1}}{d_j} < \frac{p_{1,k-1}q_{j,k-1}}{d_1}$

把 $p_{j,k-1}$ 和 $p_{1,k-1}$ 的公式代入上式得到：$\frac{p_{j,k-1}q_{1,k-1}}{d_j} < \frac{p_{1,k-1}q_{j,k-1}}{d_1}$

化简得到：$\frac{q_{j,k-1}^{a-1}}{d_j^{\beta+1}} < \frac{q_{1,k-1}^{a-1}}{d_1^{\beta+1}}$

由于 $q_{j,k-1} < q_{1,k-1}, d_j > d_1$，因此 $\alpha \geqslant 1, \beta \geqslant 0$ 就可保证 $\frac{q_{j,k-1}^{a-1}}{d_j^{\beta+1}} < \frac{q_{1,k-1}^{a-1}}{d_1^{\beta+1}}$。

从而，$\frac{q_{j,k}}{q_{1,k}} - \frac{q_{j,k-1}}{q_{1,k-1}} < 0, k=1,2,\cdots,m, j=2,3,\cdots,m$。

定理 3.2 说明随着时间的推移，$\frac{q_{j,k}}{q_{1,k}}$ 越来越小。

定理 3.3 当 $\alpha \geqslant 1, \beta \geqslant 0$ 时，$p_{1,k} > p_{1,k-1}, k=1,2,\cdots m$。

证 因为

$$p_{1,k} = \frac{\frac{q_{1,k}^a}{d_j^\beta}}{\sum\limits_{j=1}^m \frac{q_{j,k}^\alpha}{d_j^\beta}} = \frac{1}{1 + \left(\frac{d_1}{d_2}\right)^\beta\left(\frac{q_{2,k}}{q_{1,k}}\right)^\alpha + \left(\frac{d_1}{d_3}\right)^\beta\left(\frac{q_{3,k}}{q_{1,k}}\right)^\alpha + \cdots + \left(\frac{d_1}{d_m}\right)^\beta\left(\frac{q_{m,k}}{q_{1,k}}\right)^\alpha}$$

$$\frac{1}{p_{1,k}}-\frac{1}{p_{1,k-1}}=\left(\frac{d_1}{d_2}\right)^{\beta}\left[\left(\frac{q_{2,k}}{q_{1.k}}\right)^{\alpha}-\frac{q_{2,k-1}}{q_{1,k-1}}\right)^{\alpha}\right]+\frac{d_1}{d_3}\right)^{\beta}\left[\left(\frac{q_{3,k}{}^{\alpha}}{1_{1,k}}\right]+\cdots+$$

$$\left(\frac{d_1{}^{\beta}}{d_m}\right)\left[\left(\frac{q_{m,k}}{q_{1,k}}\right)^{\alpha}-\left(\frac{q_{m,k-1}}{q_{1,k-1}}\right)^{\alpha}\right]$$

由定理 3.2 可知：

$$\frac{q_{j,k}}{q_{1,k}}<\frac{q_{j,k-1}}{q_{1,k-1}},\quad \frac{1}{p_{1,k}}-\frac{1}{p_{1,k-1}}<0$$

即 $p_{1,k}>p_{1,k-1}$。

定理 3.3　说明随着时间的推移，选择路径 AC_1B 的平均概率越来越大。

定理 3.4　$\alpha\geqslant1,\beta\geqslant0$ 时，$\lim\limits_{k\to\infty}p_{1,k}=1$。

证　由定理 3.3 可知，$\alpha\geqslant1,\beta\geqslant0$ 时，$p_{1,k}>p_{1,k-1}$，序列 $p_{1,k}$ 单调递增，根据高等数学极限理论“单调递增有上界数列必有极限，且收敛到其上确界”可知，当 $k\to\infty$ 时，$\lim\limits_{k\to\infty}p_{1,k}=1$。

定理 3.4 中的 $\alpha\geqslant1,\beta\geqslant0$ 是 $\lim\limits_{k\to\infty}p_{1,k}=1$ 的充分条件，不是必要条件。定理 3.4 说明随着时间的推移，选择路径 AC_1B 的平均概率接近于 1。

3.2　基本蚁群优化算法的改进

虽然与已经发展完备的一些启发式算法比较起来，基本蚁群优化算法的计算量比较大，搜索时间长，但在解决某些问题时，蚁群优化算法有很大的优越性，尤其是 TSP 问题。基本蚁群优化算法的成功运用吸引了国际学术界的普遍关注，并提出了各种有益的改进算法。在了解这些改进研究之前，先了解一下基本蚁群优化算法的不足。

(1)每次解构造过程的计算量较大，算法搜索时间较长。算法的计算复杂度主要在解构造过程，比如 TSP 问题时间复杂度为 $O(N_c\cdot n^2\cdot m)$。

(2)算法容易出现停滞现象，即搜索进行到一定的程度后，所有蚂蚁搜索到的解完全一致，不能对空间进一步进行搜索，不利于发现更好的解。

(3)基本蚁群优化算法本质上是离散的，只适用于组合优化问题，对于连续优化问题(函数优化)无法直接应用，限制了算法的应用范围。

针对蚁群优化算法的缺陷，蚁群优化算法的改进研究主要目的有两点。一是在合理的时间内提高蚁群优化算法的寻优能力，改善其全局收敛性；二是使其能够应用于连续域问题。

3.2.1   离散域蚁群优化算法的改进研究

国内外关于离散域蚁群优化算法的改进研究成果很多,如自适应蚁群优化算法、基于信息素扩散的蚁群优化算法、基于去交叉局部优化策略的蚁群优化算法、多态蚁群优化算法、基于模式学习的小窗口蚁群优化算法、基于混合行为蚁群优化算法、带聚类处理的蚁群优化算法、基于云模型理论的蚁群优化算法、具有感觉和知觉特征的蚁群优化算法、具有随机扰动特性的蚁群优化算法、基于信息熵的改进蚁群优化算法,等等。这里不能一一列举,仅介绍离散域优化问题的自适应蚁群优化算法。

什么是自适应蚁群优化算法?即对蚁群优化算法的状态转移概率、信息素挥发因子、信息量等因素采用自适应调节策略为一种基本改进思路的蚁群优化算法。下面介绍自适应蚁群优化算法中两个最经典的方法,一个是蚁群系统(Ant Colony System,ACS),另一个是最大—最小蚁群系统(MAX—MIN Ant System,MMAS)。

1. 蚁群系统(Ant Colony System,ACS)

蚁群系统(Ant Colony System,ACS)模型最早是由 Dorigo,Gambardella 等学者在基本蚁群优化算法(AS)的基础上提出的。下面介绍 ACS 蚁群系统模型的构成和算法。

ACS 解决了基本蚁群优化算法在构造解过程中,随机选择策略造成的算法进化速度慢的缺点。该算法在每一次循环中仅让最短路径上的信息量作更新,且以较大的概率让信息量最大的路径被选中,充分利用学习机制,强化最优信息的反馈。ACS 的核心思想是:蚂蚁在寻找最佳路径的过程中只能使用局部信息,即采用局部信息对路径上的信息量进行调整;在所有进行寻优的蚂蚁结束路径的搜索后,路径上的信息量会再一次调整,这次采用的是全局信息,而且只对过程中发现的最好路径上的信息量进行加强。ACS 模型与 AS 模型的主要区别有 3 点:①蚂蚁的状态转移规则不同;②全局更新规则不同;③新增了对各条路径信息量调整的局部更新规则。下面展开介绍。

(1)ACS 的状态转移规则

为了避免停滞现象的出现,ACS 采用了确定性选择和随机性选择相结合的选择策略,并在搜索过程中动态调整状态,转移概率。即对位于城市 i 的蚂蚁 k 按照式(3.5)选择下一个城市

$$j = \begin{cases} arg \max\limits_{s \in J_k(i)} \{[\tau_{is}] a[\eta_{is}]\beta\}, & q \leqslant q_0 \\ \text{式}(3.1), & \text{其他} \end{cases} \tag{3.5}$$

其中,$J_k(i)$是第 k 只蚁蚁在访问到城市 i 后尚需访问的城市集合,q 为一个在区间 $[0,1]$内的随机数,q_0 是一个算法参数($0 \leqslant q_0 \leqslant 1$);当 $q > q_0$ 时,蚁蚁 k 根据式(3.1)确定由城市 i 向下转移的目标城市。

式(3.5)所确定的蚁蚁转移到下一个城市的方法称为自适应伪随机概率选择规则(Pseudo-Random Proportional Rule)。在这种规则下,每当蚁蚁要选择向哪一个城市转移时,就产生一个在$[0,1]$范围内的随机数,根据这个随机数的大小按公式(3.5)确定用哪种方法产生蚁蚁转移的方向。

(2)ACS 全局更新规则

在 ACS 蚁群优化算法中,全局更新不再用于所有的蚁蚁,而是只对每一次循环中最优的蚁蚁使用。更新规则如下式:

$$\tau_{ij} \leftarrow (1-\rho) \cdot \tau_{ij} + \rho \cdot \Delta\tau_{ij} \tag{3.6}$$

且

$$\Delta\tau_{ij} = \begin{cases} 1/L_{gb}, & (i,j) \text{ 为全局最优路径且 } L_{gb} \text{ 是最短路径} \\ 0, & \text{其他} \end{cases} \tag{3.7}$$

其中,L_{gb} 为蚁群当前循环中所求得的最优路径长度;ρ 为一个$(0,1)$区间的参数,其意义相当于蚁群优化算法基本模型中路径上的信息素挥发系数。

(3)ACS 局部更新规则

局部更新规则是在所有的蚁蚁完成一次转移后执行

$$\tau_{ij} \leftarrow (1-\rho) \cdot \tau_{ij} + \rho \cdot \Delta\tau_{ij} \tag{3.8}$$

其中,ρ 为一个$(0,1)$区间的参数,其意义也相当于蚁群优化算法基本模型中路径上的信息素挥发系数。$\Delta\tau_{ij}$ 的取值方法有下列三种方案

① $\Delta\tau_{ij} = 0$;

② $\Delta\tau_{ij} = T_0$,T_0 为路径上信息量的初始值;

③ $\Delta\tau_{ij} = \gamma \cdot \max\limits_{z \in J_k(j)} \tau_{jz}$,其中的 $J_k(j)$ 表示第 k 只蚁蚁在访问到城市 j 后尚需访问的城市集合。

上述采用 $\Delta\tau_{ij}$ 取值的第③种方案的 ACS 算法被称为 Ant-Q 强化学习的蚁群优化算法。实验结果表明与 AS 基本蚁群优化算法相比较,Ant-Q system 模型具有一般性,而且更有利于全局搜索。

算法的实现过程可以用以下的伪代码来表示

```
begin
初始化过程：
   ncycle＝1；
   bestcycle＝1；
   Δτ_{ij}(i,j)＝τ_0＝C；α；β；ρ；q_0；
   η_{ij}(由某种式算法确定)；
   tabu_k＝∅；    while(not termination condition)
   {for(k＝1；k＜m；k＋＋)
      {将 m 个蚂蚁随机放置于初始城市上；}
for(index＝0；inedx＜n；index＋＋)(index 为当前循环中已经走过的城市个数)
   {for(k＝0；k＜m；k＋＋)
      {产生随机数 q}
      按式(3.5)和式(3.1)规则确定每只蚂蚁将要转移的位置；
      将刚刚选择的城市 j 加入到 tabu_k 中；
      按式(3.8)执行局部更新规则；
         }
   确定本次循环中找到的最佳路径 L＝min(L_k)，k＝1，2，…，m；
   根据式(3.6)和式(3.7)执行全局更新规划；
   ncycle＝ncycle＋1；
输出最佳路径及结果；
end.
```

2. 最大—最小蚂蚁系统(MAX—MIN Ant System，MMAS)

通过对蚁群系统的研究表明，将蚂蚁搜索行为集中到最优解的附近可以提高解的质量和收敛速度，从而改进算法的性能。但是这种搜索方式会使算法过早收敛而出现早熟现象。针对这个问题，德国学者 StützleT 和 Hoos H H 提出了最大—最小蚂蚁系统(MAX—MIN ant system，MMAS)。

MMAS 的基本思想：仅对每一代中的最好个体所走路径上的信息量作调整，从而更好地利用了历史信息，以加快收敛速度。但这样更容易出现过早收敛的停滞现象，为了避免算法过早收敛于非全局最优解，将各条路径上的信息量限制在区间 $[T_{min}，T_{max}]$ 之内，超出这个范围的值将被限制为信息量允许值的上、下限，这样可以有效地避免某条路径上的信息量远大于其他路径而造成的所有蚂蚁都集中到同一条路径上,从而使算法不再扩散,加快收敛速度。MMAS 是解决 TSP、QAP 等离散域优化问题的最好蚁群优化算法之一,许多对蚁群优化算法的改进算法都渗透着 MMAS 的思想。

MMAS 蚁群优化算法在基本蚁群优化算法(AS)的基础上作了三点改进:

(1)首先初始化信息量 $T_{ij}(t)=c$ 设为最大值 $T_{\max}$。

(2)其次各个蚂蚁在一次循环后,只有找到最短路径的蚂蚁才能够在其经过的路径上释放信息素。即

$$\tau_{ij}(t+n) = (1-\rho) \cdot \tau_{ij}(t) + \Delta\tau_{ij}^{\min} \tag{3.9}$$

$$\Delta\tau_{ij}^{min} = Q/L, L = \min(L_k), \quad k = 1,2,\cdots,m \tag{3.10}$$

(3)最后将 $\tau_{ij}(t)$ 限定在 $[\tau_{\min},\tau_{\max}]$ 之间,如果 $\tau_{ij}(t)<\tau_{\min}$,则 $\tau_{ij}(t)=\tau_{\min}$;如果 $\tau_{ij}(t)>\tau_{\max}$,则 $\tau_{ij}(t)>\tau_{\max}$。

算法的实现过程可以用以下的伪代码来表示

begin

初始化过程:

ncycle $=1$;

bestcycle $=1$;

$\tau_{\max};\tau_{\min};\tau_{ij}=\tau_{\max};\Delta\tau_{ij}=0$;

η_{ij}(由某种启发式算法确定);

tabu$_k=\varnothing$

while(not termination condition)

　　{将 m 个蚂蚁随机放置于初始城市上;}

for(index$=0$;inedx$<n$;index$++$)(index 为当前循环中已经走过的城市个数)

　　以概率 $p_{ij}^k(t)$ 选择下一个城市 $j,j\in$ allowed$_k(t)$;

　　将刚刚选择的城市 j 加入到 tabu$_k$中;

　　按公式(3.8)执行局部更新规则;

　　ncycle$=$ncycle$+1$;

确定本次循环中找到的最佳路径 $L=\min(L_k),k=1,2,\cdots,m$;

根据式(3.9)、式(3.10)计算}$\Delta\tau_{ij}^{\min}$(ncycle),τ_{ij}(ncycle$+1$);

如果 $\tau_{ij}(t)<\tau_{\min},\tau_{ij}(t)=\tau_{\min}$;

如果 $\tau_{ij}(t)>\tau_{\max}$ $\tau_{ij}(t)=\tau_{\max}$;

输出最佳路径及结果:

end。

除了以上两种自适应改进蚁群优化算法外,还有许多离散域改进蚁群优化算法。虽然这些改进策略的侧重点和改进形式不同,但其目的是相同的,即避免陷入局优,缩短搜索时间,提高蚁群优化算法的全局收敛性能。

3.2.2　连续域蚁群优化算法的改进

许多工程中的实际问题通常表达为一个连续的最优化问题,并随着问题规模的增大以及问题本身的复杂度增加,对优化算法的求解性能提出越来越高的要求。而基本蚁群优化算法优良高效的全局优化性能却只能适用于离散的组合优化问题。因为基本蚁群优化算法的信息量留存、增减和最优解的选取都是通过离散的点状分布求解方式来进行的,所以基本蚁群优化算法从本质上只适合离散域组合优化问题,离散性的本质限制了其在连续优化领域中的应用。在连续域优化问题的求解中,其解空间是一种区域性的表示方式,而不是以离散的点集来表示的。因此,将基本蚁群优化算法寻优策略应用于连续空间的优化问题需要解决以下三点。

1. 调整信息素的表示、分布及存在方式

调整信息素的表示、分布及存在方式是至关重要的一点,在组合优化问题中,信息素存在于目标问题离散的状态空间中相邻的两个状态点之间的连接上,蚂蚁在经过两点之间的连接时释放信息素,影响其他蚂蚁,从而实现一种分布式的正反馈机制,每一步求解过程中的蚁群信息素留存方式只是针对离散的点或点集分量;而用于连续域寻优问题的蚁群优化算法,定义域中每个点都是问题的可行解,不能直接将问题的解表示成为一个点序列,显然也不存在点间的连接,只能根据目标函数值来修正信息量,在求解过程中,信息素物质则是遗留在蚂蚁所走过的每个节点上,每一步求解过程中的信息素留存方式在对当前蚁群所处点集产生影响的同时,对这些点的周围区域也产生相应的影响。

2. 改变蚁群的寻优方式

由于连续域问题求解的蚁群信息留存及影响范围是区间性的,非点状分布,所以在连续域寻优过程中,不但要考虑蚂蚁个体当前位置所对应的信息量,还要考虑蚂蚁个体当前位置所对应特定区间内的信息量累计与总体信息量的比较值。

3. 改变蚁群的行进方式

将蚁群在离散解空间点集之间跳变的行进方式变为在连续解空间中微调式

的行进方式,这一点较为容易。

近年来,随着蚁群优化算法的不断改进,拓展蚁群优化算法的功能,使之适用于连续问题已经有了一些成果,分为以下三类。

(1)将蚁群优化框架与进化算法结合,从而实现连续优化算法。

第一个连续蚁群优化算法是由 Bilchev G A 等学者基于这种思路构建的,求解问题时先使用遗传算法对解空间进行全局搜索,然后利用蚁群优化算法对所得结果进行局部优化,但这种算法在运行过程中常会出现蚂蚁对同一个区域进行多次搜索的情况,降低了算法的效率;杨勇等学者提出了一种求解连续域优化问题的嵌入确定性搜索蚁群优化算法,该算法在全局搜索过程中,利用信息素强度和启发式函数确定蚂蚁移动方向,而在局部搜索过程中嵌入了确定性搜索,以改善寻优性能,加快收敛速度。

(2)将连续空间离散化,从而将原问题转化为一个离散优化问题,然后应用基本蚁群优化算法的原理来求解。

高尚等学者提出了一种基于网格划分策略的连续域蚁群优化算法;汪镭等学者提出了基于信息量分布函数的连续域蚁群优化算法;李艳君等学者提出了一种用于连续域优化问题求解的自适应蚁群优化算法;段海滨等学者提出了一种基于网格划分策略的自适应连续域蚁群优化算法;陈峻等学者提出了一种基于交叉变异操作的连续域蚁群优化算法等。采用这种方式来研究的比较多,但当问题规模增大时,经离散化后,问题的求解空间将急剧增大,寻优难度将大大增加。对于较大规模的连续优化问题这类方法的适应性还有待进一步的验证。

(3)对蚂蚁行为模型进行更加深入的、广泛的研究,从而构造新的蚁群优化算法,应用于连续问题的求解。

Dréo J 等学者提出了一种基于密集非递阶的连续交互式蚁群优化算法 CIACA,该算法通过修改信息素的留存方式和行走规则,并运用信息素交流和直接通信两种方式来指导蚂蚁寻优;Pourtakdoust S H 等学者提出了一种仅依赖信息素的连续域蚁群优化算法;张勇德等学者提出了一种用于求解带有约束条件的多目标函数优化问题的连续域蚁群优化算法。

由于篇幅所限,这里不能一一列举,仅介绍两种,即(1)中,杨勇等学者提出的嵌入确定性搜索的连续域蚁群优化算法;(3)中,Dréo J 等学者提出的基于密集非递阶的连续交互式蚁群优化算法 CIACA。

1.嵌入确定性搜索的连续域蚁群优化算法

嵌入确定性搜索的连续域蚁群优化算法在全局搜索过程中,利用信息素强度和启发式函数确定蚂蚁的移动方向；而在局部搜索过程中，嵌入了确定性搜索，以改善寻优性能，加快收敛速率。

设优化函数为 $max\ Z = f(X)$，m 只蚂蚁随机分布在定义域内，每只蚂蚁都有一个邻域，其半径为 r。每只蚂蚁在自己的领域内进行搜索，当所有蚂蚁完成局部搜索后，蚂蚁个体根据信息素强度和启发式函数在全局范围内进行移动，完成一次循环后，则进行信息素强度的更新计算。

（1）局部搜索

局部搜索是指每只蚂蚁在自己的邻域空间内进行随机搜索。设新的位置点为 X'，如果新的位置值比原来目标函数值大，则取新位置，否则舍去。局部搜索是在半径为 r 的区域内进行的，且 r 随迭代次数的增加而减少。有

$$X_i = \begin{cases} X'_i, f(X'_i) > f(X_i) \\ X_i, 其他 \end{cases} \tag{3.11}$$

（2）全局搜索

全局搜索是指每只蚂蚁都经过一次局部搜索后，选择停留在原地，转移到其他蚂蚁的邻域或进行全局随机搜索。设 $Act(i)$ 为第 i 只蚂蚁选择的动作，f_{avg} 为 m 只蚂蚁的目标函数平均值，则有

$$Act(i) = \begin{cases} 全局随机搜索, & f(X_i) < f_{avg} \bigcap q < q_0 \\ S, & 其他 \end{cases} \tag{3.12}$$

其中，q 为一个在区间 $[0,1]$ 内的随机数；q_0 是一个算法参数（$0 \leqslant q_0 \leqslant 1$）；$S$ 按以下转移规则选择动作

$$p(i,j) = \frac{\tau(j)e^{-\frac{d}{T}}}{\sum \tau(j)e^{-\frac{d}{T}}} \tag{3.13}$$

其中，$d_{ij} = f(X_i) - f(X_j)$，且当 $i \neq j$ 时，$d_{ij} < 0$；而当 $i = j$ 时，$d_{ij} = 0$。式（3.13）保证了第 i 只蚂蚁按概率向其他目标函数值更大的蚂蚁 j 的邻域移动，其中系数 T 的大小决定了这个概率函数的斜率。

蚂蚁向某个信息素强度高的地方移动时，可能会在转移路途中的一个随机地点发现新的食物源，这里将其定义为有向随机转移。第 i 只蚂蚁向第 j 只蚂蚁的邻域转移的公式为

$$X_i = \begin{cases} X_j, & \rho < \rho_0 \\ aX_j + (1-a)X_i, & 其他 \end{cases} \tag{3.14}$$

其中，$0 < \rho < 1$；$\rho_0 > 0$；$a < 1$。

（3）信息素强度更新规则

全局搜索结束后，要对信息素强度进行更新。更新规则为：如果有 n 只蚂蚁向蚂蚁 j 处移动（包括有向随机搜索），则有

$$\tau(j) = \beta\tau(j) + \sum_{i=1}^{n}\Delta\tau_i \tag{3.15}$$

其中，$\Delta\tau_i = \dfrac{1}{f(X_i)}$；$0 < \beta < 1$ 是遗忘因子。

以上 3 个步骤模仿了自然界蚂蚁寻食的过程，蚂蚁个体通过局部随机搜索寻找食物源，然后利用信息素交换信息，决定全局转移方向。全局随机搜索的蚂蚁承担搜索陌生新食物源的任务，本质上也是一种随机性搜索算法。

（4）嵌入确定性搜索

随机性搜索算法存在着求解效率较低、求解结果较分散等缺点，因此有必要引入确定性搜索，对其加以改进。这里考虑使用确定性搜索中的直接法，直接法只利用函数信息而不需要利用导数信息，甚至不要求函数连续，适用面较广，易于编程，避免复杂计算。常用的直接法包括网格法、模式搜索法、二坐标轮换法等，本书中采用了模式搜索法中的步长加速法。

步长加速法是在坐标轮换法的基础上发展起采的，包括探测性搜索和模式性移动两部分。首先依次沿坐标方向探索，称之为探测性搜索；然后经此探测后求得目标函数的变化规律，从而确定搜索方向并沿此方向移动，称之为模式移动。重复以上两步，直到探测步长小于充分小的正数 ε 为止。

嵌入确定性搜索的蚁群优化算法，是在局部搜索时以一定的概率利用步长加速法进行确定性搜索。局部搜索规则如下

$$R = \begin{cases} 用步长加速法进行局部确定性搜索, v < v_0 \\ 按公式(3.11)进行局部随机搜索, 其他 \end{cases} \tag{3.16}$$

其中，v 是随机数且 $0 < v v_0$ $v_0 < 1$。

嵌入确定性搜索的蚁群优化算法的具体步骤如下：

初始化；

Loop；

每只蚂蚁处于每次循环的开始位置；

Loop；

每只蚂蚁利用式(3.16)进行局部搜索；

Until 所有蚂蚁完成局部搜索；

Loop；

每只蚂蚁进行全局搜索,按式(3.13)~式(3.15)选择要进行的动作；

Until 所有蚂蚁完成全局搜索；

按式(3.15)进行信息素强度更新；

Until 中止条件。

2. 基于密集非递阶的连续交互式蚁群优化算法(CIACA)

基于密集非递阶的连续交互式蚁群优化算法(Continuous Interacting Ant Colony Algorithm,CIACA)的思想源于对自然界中真实蚁群行为和求解连续域优化问题蚁群优化算法机理的进一步研究。该算法通过修改蚂蚁信息素的留存方式和蚂蚁的行走规则,并运用信息素交流和直接通信两种方式来指导蚂蚁寻优。CIACA 是一种崭新的蚁群优化算法。在介绍 CIACA 之前,先了解一下密集非递阶的生物学概念。

1)密集非递阶的概念和简单的非递阶算法

(1)密集非递阶的概念

"密集非递阶(Dense Heterarchy)"最早由 Wilson E D 于 1988 年提出。"蚁群是一个特殊的层次结构,可称之为非递阶结构。这意味着较高层次单元的性质在一定程度上影响着较低的一层,而被较高层次影响后的较低层次单元会反过来影响较高层次",这一思想提出了两种通信通道,即基于信息素轨迹交流通信通道和蚂蚁个体间直接通信通道,这两种通信通道对于蚁群优化算法非常重要。"密集非递阶"用于描述蚁群从环境中接受"信息流"方式的一个基本概念,每只蚂蚁都可以在任意时刻与其他蚂蚁进行联络,而蚁群中的信息流是通过多个通信通道传输的。

为了形象说明密集非递阶结构与层次结构的不同,参考图 3.4。层次结构是

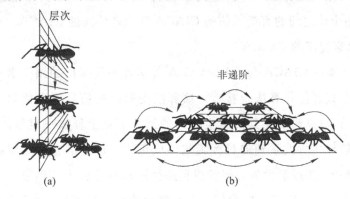

图 3.4   层次结构与非递阶结构示意图

一种金字塔形的结构,就像是部队中军长传令给师长,师长传令给旅长,其余以此类推。而密集非递阶结构中,"蚁后"并不传令给其他蚂蚁,而是作为蚁群网络中的普通一员,这种没有"层次"的系统具有很强的自组织功能。

(2)简单的非递阶算法

这里先介绍一个简单的非递阶算法,该算法利用了通信通道的基本思想,一个通信通道是信息素的存放地,可以用来传递多种信息,如图 3.5 所示。

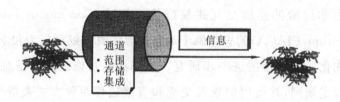

图 3.5 信息通道示意图

信息通道的基本性质如下。

①范围:即蚁群中信息素的交流方式,蚁群中的某一子群可以与另一子群进行信息交流。

②存储:即信息素在系统中的驻留方式,信息素可以在某一时间段内被一直保留。

③集成:即信息素在系统中的进化方式,信息素可以通过一个外部过程被一只或多只蚂蚁更新,也可以不更新。

上述性质都集聚于同一信息通道,这样就形成了许多不同种类的信息通道。蚂蚁通信中所传递的信息具有多种形式,有时很难描述某些特殊类别的信息。

2)CIACA 通信通道

按照采用通信通道的不同,定义了三种版本的 CIACA。即信息素交流的CIACA,利用个体之间的直接通信的 CIACA 和二者协同的 CIACA。

(1)信息素交流的 CIACA

第一个版本的 CIACA 与 Bilchev G A 等学者率先提出的用于求解连续域优化问题的改进蚁群优化算法很接近。该算法受蚂蚁的信息素存留启发而设置了一个通信通道,每只蚂蚁在其搜索空间内的某一节点上释放一定量的信息素,节点上的信息量与其所搜索到的目标函数值成正比。这些信息节点能够被蚁群中的所有个体察觉,并逐渐消失。蚂蚁根据路径距离和路径上的信息量来决定是否选择这些信息节点。蚂蚁会向着信息素点集云的重心 G_j 移动,而重心位置依赖于第 i 个节点上第 j 只蚂蚁的"兴趣" ω_{ij},表示如下

$$G_j = \sum_{i=1}^{n} \left[\frac{x_i \omega_{ij}}{\sum_{i=1}^{n} \omega_{ij}} \right] \tag{3.17}$$

$$\omega_{ij} = \frac{\bar{\delta}}{2} \cdot e^{-\theta_i \cdot \delta_{ij}} \tag{3.18}$$

其中,n 表示节点数目;x_i 表示第 i 个节点的位置;$\bar{\delta}$ 表示蚁群中两只蚂蚁间的平均距离;θ_i 表示第 i 个节点上的信息量;δ_{ij} 表示从第 j 只蚂蚁到第 i 个节点之间的距离。

值得注意的是,处于信息素节点上的蚂蚁并不径直地向信息素点集云的重心移动。事实上,每只蚂蚁都有在蚁群中均匀分布的参数调整范围,每只蚂蚁都得到一个允许范围内的随机距离,蚂蚁会以随机距离为度量向着其重心位置移动,但是某些干扰因素可能会影响蚂蚁所到达的最终位置。

从非递阶概念的角度来描述上述行为,该 CIACA 中信息素交流通道的性质如下。

①范围:当蚁群中某只蚂蚁留下一定量的信息素后,其他后继蚂蚁都能觉察到该信息素的存在。

②存储:某一时间段内信息素将被一直保留于蚁群系统之中。

③集成:由于信息素的挥发作用,随着时间的推移信息素将被更新。

(2)利用个体之间的直接通信的 CIACA

每只蚂蚁都能给另一只蚂蚁发送"消息",这意味着该通信通道的范围是"点对点"式的。蚂蚁可以将已经接收到或将要接收到的信息存储到栈中,而栈中的信息可以被随机读取。此处所发送的"消息"是信息发送者的位置,即目标函数值。信息接收者会将发送者所发送来的"消息"与其自身的信息相比较,以决定它是否要向信息发送者的位置移动。最终位置将出现在一个以信息发送者为中心、信息接收者范围为半径的超球体内,然后信息接收者将"消息"进行压缩并将其随机发送给另一只蚂蚁。此时,该 CIACA 中的信息通道具有以下性质。

①范围:当蚁群中的某只蚂蚁发出"消息"后,仅有一只蚂蚁可以觉察到此"消息"。

②存储:某一时间段内信息可以以"记忆"的形式保存在蚁群系统中。

③集成:所存储的信息是静态的。

(3)二者协同的 CIACA

信息素交流的 CIACA 和利用个体之间的直接通信的 CIACA 具有很大的不

同,自组织的作用可以将较低层次的个体整合成较高层次的整体。基于这一思想,可以将上述两种版本的 CIACA 算法中的简单通信通道融合于一个系统中,由于通信通道没有并发机制,所以实现起来很容易。

3)CIACA

CIACA 的程序结构流程如图 3.6 所示,算法步骤主要包括以下 3 步。

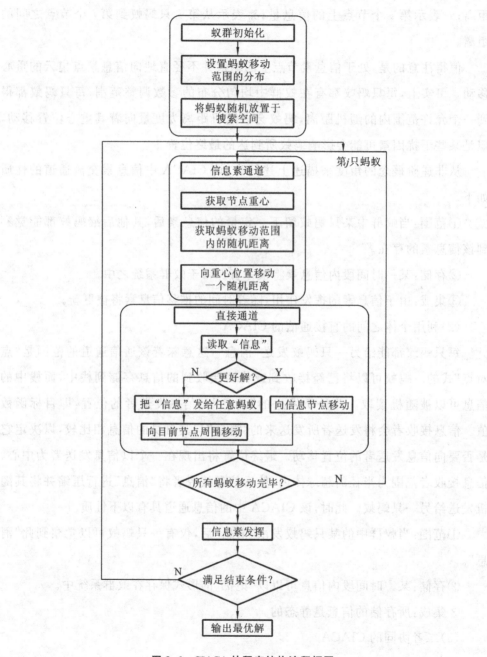

图 3.6　CIACA 的程序结构流程框图

第 1 步:设置参数。

第 2 步:算法开始。

第 3 步:若满足结束条件,算法结束。

蚂蚁根据其在通信通道系统中所处理的感知信息进行移动,需要设置 4 个参数。

①$\eta \in [0, +\infty)$:系统中蚂蚁的数目,其值可以通过式(3.19)获得

$$\eta = \eta_{max}(1 - e^{-\frac{d}{p}}) + \eta_0 \tag{3.19}$$

其中,d 表示目标函数的维数;η_{max} 表示最大蚂蚁数目,一般设置 $\eta_{max} = 1000$;η_0 表示目标函数维数为 0 时的蚂蚁数目,一般设置 $\eta_0 = 5$;p 表示蚂蚁数目的相对重要性,一般设置 $p = l0$。

②$\sigma \in [0, 1]$:搜索空间度的百分比,用来定义蚂蚁移动范围分布的标准偏差,其经验值为 0.9。

③$\rho \in [0, 1]$:用来定义信息素的持久性,其经验值为 0.1。

④$\mu \in [0, +\infty)$:"消息"的初始数目,其值可以通过公式 $\mu = \frac{2}{3}\eta$ 获得。

3.2.3 蚁群优化算法与遗传算法的混合

将蚁群优化算法和遗传算法混合,其基本思想是汲取两种算法的优点,克服各自的缺陷,优势互补。在时间效率上优于蚁群优化算法,在求精解效率上优于遗传算法。两者的混合是时间效率和求解效率都比较好的一种新的启发式方法。

混合的思路是首先由遗传算法产生较优解,较优的路径留下信息素,其他不改变;然后让蚂蚁按照蚁群优化算法,完成一次遍历后,再让蚂蚁作遗传算法的交叉操作和变异操作,有可能经过交叉操作和变异操作的解不一定得到改善,只有改善的蚂蚁路径,才代替原来的路径。

另外,这里作以下改进,蚂蚁每次周游结束后,不论蚂蚁搜索到的解如何,都将赋予相应的信息增量,比较差的解也将留下信息素,这样就干扰后续的蚂蚁进行寻优,造成大量的无效的搜索。改进的方法是,只有比较好的解才留下信息素,即只有当路径长度小于给定的值才留下信息素。为了充分利用各蚂蚁所走过的路径信息,随时记录当前的最好解。也采用 MAX—MIN Ant System 技术,即路径上的信息素浓度被限制在$[T_{min}, T_{max}]$范围内。

设计的遗传蚁群优化算法如下:

(1)利用遗传产生一个较优解,在这个路径留下信息素。

（2）$nc \leftarrow 0$（nc 为迭代步数或搜索次数），将 m 只蚂蚁置于 n 个顶点上。

（3）将各蚂蚁的初始出发点置于当前解集中，对每只蚂蚁 $k(-l,2,\cdots,m)$。按概率 P_{ij}^{k} 移至下一顶点 j，将顶点 j 置于当前解集，完成一次遍历。

（4）根据交叉概率，选择若干组解，然后分组进行交叉的解，若新的目标函数变好，接受新值；否则就拒绝。

（5）根据变异概率，判断是否变异，变异后的目标函数变好，接受新值；否则就拒绝。

（6）计算各蚂蚁的路径长度 $L_k(k=l,2,\cdots,m)$，记录当前的最好解。

（7）对路径长度 L_k 小于给定值的路径，按更新方程式（3.2）和式（3.3）修改轨迹强度。

（8）$nc \leftarrow nc + 1$。

（9）若 $nc <$ 预定的迭代次数且无退化行为（即找到的都是相同解）则转步骤 2。

（10）输出目前最好解。

3.2.4　蚁群优化算法与混沌理论的混合

混沌是自然界广泛存在的一种非线性现象，它看似混沌，却有着精致的内在结构，具有"随机性"、"遍历性"及"规律性"等特点，对初始条件极度敏感，能在一定范围内按其自身规律不重复地遍历所有状态，利用混沌运动的这些性质可以进行优化搜索。根据混沌特性，融入到其他算法中，提出了一系列新的优化方法，如混沌遗传算法。本节将混沌融入蚁群优化算法中，提出混沌蚁群（Chaos Ant Colony Optimization，CACO）算法，利用混沌初始化进行改善个体质量和利用混沌扰动避免搜索过程陷入局部极值。

Logistic 映射就是一个典型的混沌系统，迭代公式如下

$$Z_{i+1} = \mu z_i(1 - z_i), \quad i = 0,1,2,\cdots, \mu \in (2,4] \qquad (3.20)$$

式中，μ 为控制参量，当 $\mu=4,0 \leqslant Z_0 \leqslant 1$ 时，Logistic 完全处于混沌状态。利用混沌运动特性可以进行优化搜索，其基本思想是首先产生一组与优化变量相同数目的混沌变量，用类似载波的方式将混沌引入优化变量使其呈现混沌状态，同时把混沌运动的遍历范围放大到优化变量的取值范围，然后直接利用混沌变量搜索。由于混沌运动具有随机性、遍历性、对初始条件的敏感性等特点，基于混沌的搜索技术无疑会比其他随机搜索更具优越性。本书将利用 $\mu=4$ 时的混沌特性，取式（3.20）的 Logistic 映射为混沌信号发生器。

1. 混沌初始化

蚁群优化算法初始化时,各路径的信息素取相同值,让蚂蚁以等概率选择路径,这样使蚂蚁很难在短时间内从大量的杂乱无章的路径中找出一条较好的路径,所以收敛速度较慢。假如初始化时就给出启发性的信息量,可以加快收敛速度。改进的方法是利用混沌运动的遍历性,进行混沌初始化,每个混沌量对应于一条路径,产生大量的路径(如 100 条),从中选择比较优的路径(如 30 条),使这些路径留下信息素(与路径长度和成反比),各路径的信息量就不同,以此引导蚂蚁进行选择路径。

每个混沌量对于一条路径是利用全排列构造的理论。首先以(1,2,3,4)的全排列为例,讨论其构造,给出转换算法。所有不同排列的总计数为 4! =24,其构造按词典序,则构造的第一位元素取最小标号,以后各位依次增大,1234 是首构造,首向量是 111,含义为每次都是取剩下物件的最小标号。按词典序构造,末构造为 4321,末向量为 432。序号 D、向量 V 和构造 C 就构成了 DVC 表,如表 3.1 所示。

表 3.1   1～4 排列的 DVC 表

D	V	C
1	111	1234
2	112	1243
3	121	1324
4	122	1342
5	131	1423
6	132	1432
7	211	2134
8	212	2143
9	221	2314
10	222	2341
11	231	2413
12	232	2431
13	311	3124
14	312	3142
15	321	3214
16	322	3241

续表

D	V	C
17	331	3412
18	332	3421
19	411	4123
20	412	4132
21	421	4213
22	422	4231
23	431	4312
24	432	4321

由 DVC 表知，D、V 和 C 之间是有关系的，它们之间有 D/V、V/D、V/C、C/V、D/C、C/D 六种转换，我们关心的 D/C 转换，目前无法直接写出转换公式，需要通过 D/V 转换，再经过 V/C 来完成。

D/V 转换公式如下：

$$
\begin{cases}
D_0 = D \\
V_i = \left\lceil \dfrac{D_{i-1}}{(n-i)!} \right\rceil \\
D_i = D - (v_i - 1)(n-i)! \quad i = 1,2,\cdots,n-1
\end{cases}
\tag{3.21}
$$

V/C 转换是通过向量 V 的指针能来确定构造 C。如
V $= v_1 v_2 v_3 = 231$，则有

$$v_1 = 2 \quad 1\underline{2}34 \quad C_1 = 2$$
$$v_2 = 3 \quad 13\underline{4} \quad C_2 = 4$$
$$v_1 = 1 \quad \underline{1}3 \quad C_3 = 1 \quad C_4 = 3$$
$$C = C_1 C_2 C_3 C_4 = 2413$$

由式(3.20)产生混沌量 $z_i (0 \leqslant z_i \leqslant 1)$，则 $D_0 = n! \ z_i$，代入式(3.21)，令 $d_1 = n z_i$ 得到

$$
\begin{cases}
v_1 = [d_1] \\
d_i = (n-i+1)(d_{i-1} - v_{i-1} + 1) \quad i = 2,3,\cdots,n-1 \\
v_i = [d_i]
\end{cases}
\tag{3.22}
$$

再由 V 的指针功能来确定构造 C，这样 Z_i 与 C 一一对应。

2. 选择较优解

蚂蚁每次周游结束后，不论蚂蚁搜索到的解如何，都将赋予相应的信息增量，比较差的解也将留下信息素，这样就干扰后续的蚂蚁进行寻优，造成大量的无效

的搜索。改进的方法是,只有比较好的解才留下信息素,即只有当路径长度小于给定的值时才留下信息素。

3. 混沌扰动

蚁群利用了正反馈原理,在一定程度上加快了进化进程,但也存在一些缺陷,如出现停滞现象,陷入局部最优解。改进的措施加入混沌扰动,再调整信息量,再加入混沌扰量,以使解跳出局部极值区间。更新方程修改为

$$T_{ij}(t+n) = \rho \cdot T_{ij}(t) + \Delta T_{ij} + qZ_{ij} \tag{3.23}$$

其中,z_{ij}为混沌变量,由式(3.20)迭代得到;q为系数。

4. 混沌蚁群优化算法

改进后的解 TSP 问题的混沌蚁群优化算法如下:

(1)$nc \leftarrow 0$(nc 为迭代步数或搜索次数),混沌初始化,调整各路径信息素,将 m 只蚂蚁置于 n 个顶点上。

(2)将各蚂蚁的初始出发点置于当前解集中,对每只蚂蚁 $k(k=1,2\cdots,m)$,按概率 P_{ij}^k 移至下一顶点 j,将顶点 j 置于当前解集。

(3)计算各蚂蚁的路径长度 $L_k(k=1,2\cdots,m)$,记录当前的最好解。

(4)对路径长度 L_k 小于给定值的路径,按更新方程(3.23),修改轨迹强度。

(5)$nc \leftarrow nc+1$。

(6)若 $nc <$ 预定的迭代次数且无退化行为(即找到的都是相同解),则转步骤然。

(7)输出目前最好解。

5. 算法测试

蚁群优化算法最早解决的就是组合优化问题,这也是目前研究最多、应用最广泛的问题之一。该算法首先在著名的 TSP 问题上获得成功,继而应用于一系列的离散优化问题中,表现出相当好的性能。TSP 是一个经典的组合优化难题,自蚁群优化算法以求解 TSP 为例说明了其基本思想之后,对蚁群优化算法模型的改进研究通常都以 TSP 作为实例,来对比算法模型的优劣性。从简单的对称型 TSP 到非对称的 TSP、多目标 TSP 等,蚁群优化算法都取得了良好的效果。

为了检验算法的有效性,来解决中国 31 个省及直辖市和省会城市的 CTSP 问题,数据来源于文献[100]和 pr76.tsp(TSPLIB 提供的最好解为 108159)。模拟退火算法采用文献[100]的算法,起始温度 $T=100000$,终止温度 $T_0=1$,退火速度 α

＝0.99;遗传算法程序采用 MATLAB 的遗传算法工具箱,参数如下:染色体个数 $N=30$,交叉概率 $P_c=0.2$,变异概率 $P_m=0.5$,迭代次数 100;混沌蚁群优化算法参数:$\alpha=1.5$,$m=30$,$\beta=2$,$\rho=0.9$。为了说明混沌初始化的优点,与随机初始化也作了比较,每种算法运行 50 次,结果如表 3.2 所示。从中可以看出基本蚁群优化算法上加入混沌初始化或混沌扰动后,效果比较好,同时加入混沌初始化或混沌扰动的混沌蚁群优化算法的效果更好。混沌蚁群优化算法解 CTSP 最好的解如图 3.7 所示,总路程为 15383km,混沌蚁群优化算法解 pr76. tsp 最好的解如图 3.8 所示,总路程为 108159。

表 3.2　结果比较

优化方法	CTSP			Pr76. tsp		
	平均值 /(km)	最好解 /(km)	最差解 /(km)	平均值	最好解	最差解
模拟退火算法	16902	15398	18247	109008	108673	119625
基本遗传算法	16920	15387	17298	108994	108694	118473
文献[101]混沌搜索法	16879	15390	17396	108972	108586	115263
ACO	16248	15390	16854	108447	108354	114673
ACO+随机初始化	16222	15389	16628	108345	108346	113162
ACO+混沌扰动	16198	15387	16607	108337	108167	112315
ACO+混沌初始化+ 混沌扰动(CACO)	16179	15383	16432	108235	108159	110394

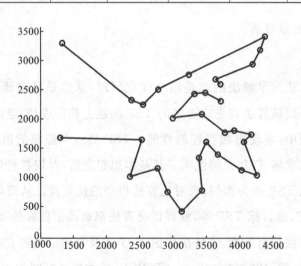

图 3.7　用混沌蚁群优化算法解 CTSP 最好的解

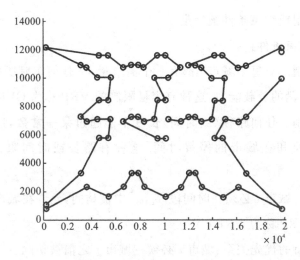

图 3.8   用混沌蚁群优化算法解 pr76.tsp 最好的解

计算结果表明,根据混沌的随机性、遍历性及规律性等特点提出的混沌蚁群优化算法,可以显著提高计算效率,具有较大的实用价值。混沌信号产生机理简单,具有内在并行性,本书混沌信号取自 Logistic 映射,实际上混沌信号可以取自其他混沌系统,至于哪个更好,有待进一步研究。

3.3   蚁群优化算法求解车辆路径问题

3.3.1   VRP 概述

车辆路径问题(vehicle routing problem,VRP)是物流配送优化中关键的一环,是提高物流经济效益、实现物流科学化所必不可少的,也是管理科学的一个重要研究课题. 该问题自提出以来,很快便引起运筹学、应用数学、物流科学、计算机科学等各学科专家与运输计划制定者和管理者的极大重视,成为运筹学与组合优化领域的前沿与热点研究问题。许多学者对该问题进行了大量的理论研究及实验分析,取得了极大的进展。

VRP 问题可以描述如下:在某些限制条件下,设计从一个或多个初始点出发,到多个不同位置的城市或客户的最优送货或路径分配,即设计一个总代价最小的路线集,使得:

(1)每个城市或客户只被一辆车访问一次;

(2)所有车辆从起点出发再回到起点;

(3)某些限制或约束条件被满足。

最常见的约束条件包括：

(1)容量限制。对每个城市 i 都有一个需求量 d_i,任何车辆所负责解决的需求总量不能超过车辆的负载能力.这种有容量限制的 VRP 称为 CVRP。

(2)总长限制。任何路径(或时间)长度不能超过某一常数,这个长度包括城市间的旅行时间和在城市的停留时间.这种有路长或时间限制的 VRP 称为 DVRP。

(3)时间窗。城市 i 必须在时间段 $[b_i, e_i]$ 中被访问,允许在城市 i 停留.这种有时间窗限制的 VRP 称为 VRPTW.

(4)两个城市的优先关系:城市 i 必须在城市 j 之前被访问。

3.3.2 CVRP 的数学模型

根据约束条件的不同可以将 VRP 分成若干种不同的类型,其求解也会随着所要考虑的影响因素、限制条件的增加而变得更加困难.其中最基本的一种类型是 CVRP,在不引起混淆的情况下,许多文献直接将 CVRP 称为 VRP,也就是我们通常所说的经典 VRP。

CVRP 通常的提法为:已知有若干客户,每个客户点的位置坐标和货物需求已知,车辆的负载能力一定,每辆车都从起点(depot)出发,完成若干客户点的运送任务后再回到起点.假设每个客户被而且只被访问一次,每辆车所访问的城市的需求总和不能超过车辆的负载能力.现要使所有客户需求都得到满足,且总的运送(旅行)成本最小。

CVRP 自提出以来,人们对其进行了大量的研究,设计了各种类型的求解算法,如精确型的分支定界法、经验型的启发式算法、禁忌搜索法、遗传算法等,都取得了较好的效果。

设

$$x_{ijk} = \begin{cases} 1, \text{车辆 } k \text{ 经过路径}(i,j) \\ 0, \text{否则} \end{cases} \tag{3.24}$$

则 CVRP 的数学模型可写为

$$\min Z = \sum_i \sum_j \sum_k c_{ij} x_{ijk},$$

$$s.t. \begin{cases} \sum_i d_i y_{ki} \leqslant D, \forall k, & \text{(a)} \\ \sum_k y_{ki} = 1, i \in V, & \text{(b)} \\ \sum_i x_{ijk} = y_{kj}, j \in V, \forall k, & \text{(c)} \\ \sum_j x_{ijk} = y_{kj}, i \in V, \forall k, & \text{(d)} \\ \sum_{i,j}^{j} \sum_{\in S \times S} x_{ijk} \leqslant |S| - 1, S \subseteq V, & \text{(e)} \\ x_{ijk}, y_{ki} \in \{0,1\}, i, j \in V, \forall k. \end{cases} \qquad (3.25)$$

约束(a)为车辆负载限制,约束(b)保证每辆车对每个客户只访问一次,约束(c)~(e)则保证形成可行回路。

3.3.3 求解 CVRP 的蚁群优化算法

CVRP 的最终目标是使所有车辆的总行程最短,其蚁群优化算法求解思想如下:

Begin

    初始化:

    $nc \leftarrow 0$;(nc 为迭代次数)

    对各边弧(i,j):

    $\tau_{ij} \leftarrow$ 常数 c(较小的正数);$\triangle \tau_{ij} \leftarrow 0$

    $ca \leftarrow D$;(ca 为车辆剩余载重量)

    读入其他输入参数;

    Loop:

    将初始点置于当前解集中;

    While(不满足停机准则)do

    begin

        对每个蚂蚁 k:

        按剩余载重量和转移概率 P_{ij}^k 选择顶点 j;

        将蚂蚁 k 从顶点 i 移至顶点 j;

        将顶点 j 置于当前解集中;

    end.

当所有点都已置于解集中,则记录蚂蚁个数 $m \leftarrow k$;

应用局部搜索机制优化路径;

计算各蚂蚁的目标函数值;

记录当前的最好解;

for　$k \leftarrow 1$ to m do

begin

　　对各边(i, j),计算:$\Delta \tau_{ji} \leftarrow \Delta \tau_{ji} = \Delta \tau_{ij}^k$(增加单位信息素);

end。

对各边(i, j),计算:

　　　$\tau_{ij} \leftarrow \rho \cdot \tau_{ij} + \triangle \tau_{ji}$(轨迹更新);

对各边(i, j),置;$\triangle \tau_{ji} \leftarrow 0$;

　$nc \leftarrow nc + l$;

　若 $nc <$ 预定的迭代次数,则 goto Loop;

　输出目前的最好解;

End。

不难验证,整个算法的时间复杂性为 $O(nc \cdot n^2)$。另外,为使人工蚂蚁找到的路线能进一步优化,算法中可以对回路路线加入 2-OPT 局部搜索机制。

3.3.4　模拟实验结果与分析

为检验算法有效性,测试求解了国际上公认的 VRP 问题库(Solomon's sinstances)中的典型实例,下面给出其中的一个实例及其相关结果。

例:(eil22)$n = 22, D = 6000$

用扫除算法求解可得

　　　　$H = \{111.8756, 107.0266, 76.4051, 80.7081, 11.1803\}$;

　　　　$B = \{5800, 5200, 5300, 4900, 1300\}$

其中,H 是各路径长度,B 是各车辆提供给顾客所需的货物总量。即车辆数为 5,车辆总行程为 387。

用蚁群优化算法求解 VRP 时,其参数的取值范围可以参照 TSP。而实际上,通过对 VRPLIB 中大部分算例的求解发现,α 取值在 $1 \sim 2$ 之间,β 取值在 $1 \sim 3$ 之间往往会取得较好的效果.参数 ρ 取 0.7,Q 取 10。另外,蚁群优化算法中的三种模型对结果影响不大,这里取 Ant-Cycle 模型.迭代次数为 1000,取重复 10 轮运行中的最好值,如表 3.3 所示。

表 3.3　不同参数结果

(α,β)	(1,1)	(1,2)	(1,3)	(2,1)	(2,2)	(2,3)
回路总长	376	375	375	379	375	375

可以看出,求得的最好解是 375,而当参数取值超出该范围时,基本上无法找到最好解。车辆的具体行走路线、各路径长以及总路长为:

所需车辆数=4,车辆总行程=375;

第 1 条路线:回路总长=113;

回路路径=1　10

第 2 条路线:回路总长=83;

回路路径=1　13

第 3 条路线:回路总长=77;

回路路径=1　17

第 4 条路线:回路总长=102;

回路路径=1　14　12　5　4　9　11

目前已公布的最好结果即为(4,375)。

第4章 粒子群优化算法

粒子群算法也是一种源于大自然生物世界的仿生类算法,源于对鸟群捕食行为的简化社会模型的模拟。由于粒子群算法概念简单,容易实现,所以从提出至今便获得了很大的发展,并在一些领域得到了很广泛的应用。本章首先从介绍粒子群算法的基本原理、算法流程开始,然后比较与其他优化算法的异同,再分析粒子群算法的收敛性,指出基本粒子群算法的不足,继而提出对该算法的几点改进,最后应用粒子群算法求解车间作业调度问题。

4.1 基本粒子群优化算法

粒子群优化(particle swarm optimization, PSO)算法是一种基于群体智能(swarm intelligence)方法的演化计算(evolutionary computation)技术。是美国学者 Kennedy 和 Eberhar 受鸟群觅食行为的启发,于 1995 年提出的。最初的设想是仿真简单的社会系统,研究并解释复杂的社会行为,后来发现粒子群优化算法可以用于复杂优化问题的求解。目前,PSO 算法以及多种 PSO 改进算法已广泛应用于函数优化、神经网络训练、模式识别、模糊控制等领域。本节我们来介绍这一方法。

4.1.1 基本原理

PSO 算法源于对鸟群捕食行为的研究,一群鸟在随机搜寻食物,如果这个区域里只有一块食物,那么找到食物的最简单有效的策略就是搜寻目前离食物最近的鸟的周围区域。PSO 算法就是从这种模型中得到启示而产生的,并用于解决优化问题。在该算法中,每个优化问题的解都是搜索空间中的一只鸟,称之为"粒子"。所有的粒子看成搜索空间中没有质量和体积的点,而且都有一个适应值,这个适应值根据被优化的函数确定。每个粒子都有自己的位置和速度以决定它们飞翔的方向和距离,PSO 算法通过将解空间初始化为一群随机粒子(随机解),然后经过迭代找到最优解。在每一次迭代中,粒子通过两种经验来更新自己。一种是自己的飞行经验，也就是粒子经历过的最好位置（最好的适应值），即本身所找到的最优解，称为"局部最优 pbest"；另一种是同伴的飞行经验，也就是群体所有粒子经历过的最好位置，即整个种群目前找到的最优解，称为"全局最优 gbest"。

设目标搜索空间为 D 维，粒子的群体规模为 m。在找到上述两个最好解后，粒子根据式（4.1）和式（4.2）来更新自己的速度和位置。设粒子 i 的位置表示为 $x_i = (x_{i1}, x_{i2}, \cdots, x_{iD})^{\mathrm{T}}$，速度为 $v_i = (v_{i1}, v_{i2}, \cdots, v_{iD})^{\mathrm{T}}$，则速度和位置更新方程为

$$v_{id}^{k+1} = v_{id}^k + c_1 \mathrm{rand}_1^k (\mathrm{pbest}_{id}^k - x_{id}^k) + c_2 \mathrm{rand}_2^k (\mathrm{gbest}_d^k - x_{id}^k) \tag{4.1}$$

$$x_{id}^{k+1} = x_{id}^k + v_{id}^{k+1} \tag{4.2}$$

其中，$i=1,2,\cdots,m$；$d=1,2,\cdots,D$；k 是迭代次数；rand_1，rand_2 是 $[0,1]$ 之间的随机数；c_1，c_2 是学习因子，也称为加速因子，它们使粒子具有自我总结和向群体中优秀个体学习的能力，分别调节粒子向全局最优 gbest 和局部最优 pbest 方向飞行的最大步长，这两个参数对粒子群优化算法的收敛起的作用不是很大，但合适的 c_1，c_2 可以加快收敛且不易陷入局部最优，通常令 $c_1 = c_2 = 2.0$；x_{id}^k 和 v_{id}^k 分别是粒子 i 在第 k 次迭代中第 d 维的当前位置和速度；pbest_{id}^k 是粒子 i 在第 k 次迭代中第 d 维的个体极值点的位置；gbest_d^k 是整个群在第 k 次迭代中第 d 维的全局极值点的位置。由于 PSO 算法中没有实际的机制来控制粒子速度，为防止粒子远离搜索空间，粒子的每一维速度 v_d 都会被限制在 $[-v_{d\max}, v_{d\max}]$ 之间，参数 $v_{d\max}$ 被证明是非常重要的，$v_{d\max}$ 太大，粒子将飞离最好解，太小将会陷入局部最优。

式（4.1）的第一部分为粒子先前的速度；第二部分为"认知"部分，表示粒子对自身的学习；第三部分为"社会"部分，表示粒子间的信息共享与相互合作。式（4.1）正是粒子根据它上一次迭代的速度、粒子当前位置和自身最好经验与群体最好经验之间的距离来更新速度。然后粒子按照式（4.2）飞向新的位置。

为了改善基本粒子群优化算法的收敛性，Shi 和 Eberhart[1] 于 1998 年在 IEEE 国际进化计算学术会议上提出了带惯性权重的 PSO 算法，即添加一个惯性权重到速度更新公式（4.1），按下式更新速度

$$v_{id}^{k+1} = w v_{id}^k + c_1 \mathrm{rand}_1^k (\mathrm{pbest}_{id}^k - x_{id}^k) + c_2 \mathrm{rand}_2^k (\mathrm{gbest}_d^k - x_{id}^k) \tag{4.3}$$

其中，w 称为惯性权重系数，它起着权衡全局优化能力和局部优化能力的作用。位置更新公式仍为式（4.2）。

由于速度更新公式（4.3）是标准 PSO 算法的核心，下面将通过对该式的进一步分析与讨论来充分了解标准 PSO 算法的本质。

1. 如果粒子群速度公式（4.3）中没有第一部分（称为惯性项），即 $w=0$，则速度

只取决于粒子当前位置和历史最佳位置（p_{best} 和 g_{best}），速度本身没有记忆性。假设一个粒子位于全局最优解的位置，它将保持静止，而其他粒子则飞向它本身最佳位置 p_{best} 和全局最优解位置 g_{best} 的加权中心。在这种条件下，粒子仅能探测有限的区域，更像一个局部算法。惯性项的作用在于赋予各粒子扩展搜索全空间的能力，即全局搜索能力。这种功能使得调整 w 的大小可以起到调整算法全局和局部搜索能力权重的作用。

2. 如果粒子群速度公式中没有后两部分，即 $c_1 = c_2 = 0$，粒子将在惯性因子 w 的作用下，从初始速度 v_0 开始飞行。这时将出现以下三种情况：

(1) 如果 $w > 1.0$，则当前速度始终是初始速度的放大；

(2) 如果 $w < 1.0$，则当前速度从初始速度开始，成几何级数衰减；

(3) 如果 $w = 0$，则粒子一直以初始速度飞行，不会改变飞行的方向和速度的大小，将很快飞出可行域的边界。这种情况下，粒子将很大可能搜索不到优解，除非优解恰好落在粒子飞行的轨迹上，显然这种事件是极小概率事件。

无疑，上述这三种情况对最优解的搜索都是不利的。要么粒子按照固定的方向飞行，可能很快飞出可行域的边界；要么粒子的速度在短时间内衰减趋于 0。这三种情况中，粒子的搜索区域都受到很大的限制，所以很难找到最优解。

3. 如果式 (4.3) 中没有第二部分，即 $c_1 = 0$，则粒子没有个体认知能力，也就是"只有社会认知"的模型。在粒子的相互作用下，虽然可能探索新的解空间，但对稍微复杂的问题很容易导致"盲从"而陷入局部极值点。

4. 如果式 (4.3) 中没有第三部分，即 $c_2 = 0$，则粒子之间没有社会信息共享，也就是"只有个体认知"的模型。因为个体间没有信息交互，一个规模为 m 的群体等价于执行了 m 个粒子的单独搜索，因而得到最优解的概率大大减小。

自从 Shi 和 Eberhart 提出以上带惯性权重的 PSO 算法后，人们逐渐地都默认这个改进 PSO 算法为标准的 PSO 算法。

4.1.2 主要步骤与流程

基本 PSO 的流程可以描述如下：

Step1 初始化。初始搜索点的位置 x_i^0 及其速度 v_i^0 通常是在允许的范围内随机产生的，每个粒子 pbest 的坐标设置为它的当前位置，且计算出它相应的个体极值（即个体极值点的适应度值），而全局极值（即全局极值点的适应度值）就是个体极值中的最好值，并将 gbest 设置为最佳粒子的当前位置。

Step2 评价每一个粒子。计算每一个粒子的适应度值,如果其性能好于该粒子当前的个体极值,则将 pbest 设置为该粒子的位置,且更新个体极值。如果所有粒子的个体极值中的最好值优于当前的全局极值,则将 gbest 设置为该粒子的位置,且更新全局极值。

Step3 用式(4.1)和式(4.2)对每一个粒子的速度和位置进行更新。

Step4 检验是否符合结束条件。

Step5 当前的迭代次数达到了预先设定的最大次数(或达到最小误差要求),则停止迭代,输出最优解,否则转到 Step2。

基本 PSO 算法的流程图如图 4.1 所示。

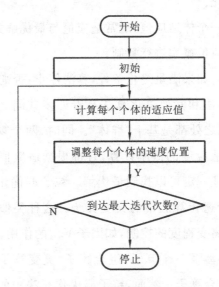

图 4.1　粒子群优化算法流程框图

4.1.3　与其他优化算法的异同

1. 基于梯度的优化算法

与传统的基于梯度的优化算法相比较,粒子群优化算法具有以下优点:

(1)对优化目标函数的模型没有特殊要求,对问题定义的连续性也没有特殊要求,甚至可以将传统优化方法无法表达的问题描述为目标函数,使得算法应用更具有广泛性。

(2)没有中心控制约束,个别个体的障碍不影响整个问题的求解,即算法更具有鲁棒性。

(3)采用非直接的信息共享方式实现合作,算法具有扩充性。

(4)由于粒子群优化算法的随机搜索本质,使得它更不容易陷入局部最优。同时,基于适合度概念进化的特征又保证了算法的快速性。因此,粒子群优化算法对于复杂的,特别是多峰高维的优化计算问题具有很强的优越性。

2.进化计算方法

进化计算技术(包括进化规划、遗传算法、进化策略和遗传规划)都是由自然界的进化而得到启发的。一群个体(代表潜在的解)根据一定的适应生存准则而进化,解正是随着进化而得到改善。

大多数进化算法都遵循以下过程:

(1)群体随机初始化。

(2)计算群体的每一个体适应值,通常适应值与最优解关联。

(3)群体按个体适应值概率进行复制。

(4)判断终止条件。如果满足终止条件,算法停止;否则转向步骤(2)。

显然粒子群优化算法和其他进化算法有着许多共同之处。粒子群优化算法与进化计算的最大共同之处都是基于"群体"。同时,两个算法都是随机初始化群体,其基本点都是基于适应度的概率计算,且都根据适应值来进行一定的随机搜索,两个算法都不能保证一定可以找到最优解。粒子群优化算法中的位置更新操作中的方向改变类似于遗传算法中的突变算子。这种类似突变的操作是多方向性的,同时还包括了对突变程度的控制,如因子 V_{max} 的作用。

进化计算技术主要涉及三个算子:组合算子、突变算子和选择算子。粒子群优化算法没直接使用组合算子。然而,粒子群优化算法中的随机加速度使得粒子向它自身最好位置和群体最好位置靠近,这些行为在某种程度上类似于进化计算中的重组算子。

此外,信息的共享机制是很不同的,在遗传算法中,染色体互相共享信息,整个种群的移动是比较均匀的向最优区域移动。在粒子群优化算法中,信息只来自粒子自身找到的最好位置和群体中最好粒子,这是单向的信息流动。整个搜索更新过程是跟随当前最优值的过程。与遗传算法相比较,所有的粒子在大多数情况下可能更快地收敛于最优值。

粒子群优化算法是从通过模仿社会行为而得到的(正如蚁群优化算法一样),在进化过程中该算法同时保留和利用位置与速度信息,而其他进化类算法仅仅保留和利用位置的信息。

与其他进化计算方法不一样,粒子群优化算法没有使用"适者生存"的概念。

该算法没有直接利用选择函数。因此,具有低适应值的粒子在优化过程中仍能够生存,且有可能搜索到解空间中的任何一个领域。

3.蚁群优化算法

群体智能算法家族的两个重要成员就是粒子群优化算法与蚁群优化算法。两种算法提出的年代相似,而且基本思想都是模拟自然界生物群体行为来构造随机优化算法的,不同的是粒子群优化算法模拟鸟类群体行为,而蚁群优化算法模拟蚂蚁觅食原理。

1)相同点

粒子群优化算法和蚁群优化算法这两种仿生群体智能优化算法有许多相似的特点。

1)都是一类不确定的算法。不确定性体现了自然界生物的生理机制,并且在求解某些特定问题方面优于确定性算法。仿生优化算法的不确定性是伴随其随机性而来的,其主要步骤含有随机因素,从而在算法的迭代过程中,事件发生与否带有很大的不确定性。

2)都是一类概率型的全局优化算法。非确定算法的优点在于算法能有更多的机会求解全局最优解。

3)都不依赖于优化问题本身的严格数学性质。在优化过程中都不依赖于优化问题本身的严格数学性质(如连续性、可导性)以及目标函数和约束条件的精确数学描述。

4)都是一种基于多个智能体的仿生优化算法。仿生优化算法中的各个智能体之间通过相互协作来更好地适应环境,表现出与环境交互的能力。

5)都具有本质并行性。仿生优化算法的本质并行性表现在两个方面:仿生优化计算的内在并行性(inherent parallelism)和内含并行性(implicit parallel—ism),这使得仿生优化算法能以较少的计算获得较大的收益。

6)都具有突现性。仿生优化算法总目标的完成是在多个智能体个体行为的运动过程中突现出来的。

7)都具有自组织性和进化性。具有记忆功能,所有粒子都保存优解的相关知识。在不确定的复杂时变环境中,仿生优化算法可通过自学习不断提高算法中个体的适应性。

8)都具有稳健性。仿生优化算法的稳健性是指在不同条件和环境下算法的适用性和有效性。由于仿生优化算法不依赖于优化问题本身的严格数学性质和所求解问题本身的结构特征,因此用仿生优化算法求解许多不同问题时,只需要设计相应的评价函数(代价函数),而基本上无需修改算法的其他部分。但是对高维问题复杂问题,往往会遇到早熟收敛和收敛性能差的缺点,都无法保证收敛到最优点。

2)不同点

粒子群优化算法和蚁群优化算法虽然同属于仿生群智能算法,并且有许多相似之处,但是在算法机理、实现形式等方面存在许多不同之处。

(1)粒子群优化算法。粒子群优化算法是一种原理相当简单的启发式算法,与其他仿生优化算法相比较,该算法所需的代码和参数较少。

粒子群优化算法通过当前搜索到的最优点进行共享信息,所以很大程度上这是一种单项信息共享机制。

粒子群优化算法受所求问题维数的影响较小。

粒子群优化算法的数学基础相对较为薄弱,目前还缺乏深刻且具有普遍意义的理论分析。在对收敛性分析方面研究还需进一步将确定性向随机性转化。

(2)蚁群优化算法。蚁群优化算法采用了正反馈机制,这是不同于其他仿生优化算法最为显著的一个特点。

蚁群优化算法中每个个体只能感知局部的信息,不能直接利用全局信息。

基本蚁群优化算法一般需要较长的搜索时间,且容易出现停滞现象。

蚁群优化算法的收敛性能对初始化参数的设置较为敏感。

蚁群优化算法已经有了较成熟的收敛性分析方法,并且可以对收敛速度进行估计。

4.遗传算法

首先,粒子群优化算法和遗传算法两者都随机初始化种群,而且都使用适应值来对个体进行评价,都根据适应值来选择各种演化操作的受体。这两种算法都是随机搜索算法,因此,不能保证每次运行都搜索到最优解。

但是,粒子群优化算法没有遗传操作,如交叉操作、变异操作和逆转操作等,而是根据自己的速度来决定搜索方向和步长。与遗传算法中的染色体相比较,粒子还有一个重要的特点,就是具有记忆能力。粒子的这种记忆能力主要是通过速度公式中的"个体认知"项来实现的。

与遗传算法相比较,粒子群优化算法的信息共享机制是很不同的。在遗传算法中,染色体互相共享信息,所以整个种群的移动是比较均匀地向最优区域移动。

在粒子群优化算法中,除自身的历史记忆(pbest)以外,只有全局最优粒子给其他粒子共享信息(gbest),或者说,只有全局最优粒子的认知才得以向整个群体传播。这是单向的信息流动。整个搜索更新过程是群体粒子跟随当前群体最佳解向问题的最优解移动的过程。与遗传算法相比较,在大多数的情况下,粒子群优化算法基本都能更快地搜索到全局最优解。

综上,总结粒子群优化算法的主要特点为:

(1)每个粒子都被随机赋予初始速度;

(2)粒子个体具有记忆能力;

(3)粒子在惯性项的作用下,受个体认知和群体/社会认知的修正。

4.1.4 参数设置

标准 PSO 算法的参数包括:群体规模 m;最大速度 v_{max};惯性权重 w;加速因子 c_1 和 c_2;最大迭代次数 G_{max}。

(1)群体规模

群体规模 m 的大小粗略地正比于问题的维数。一般地,待求解问题维数越高,所需的群体规模也就越大。通常群体规模是问题维数的 1.5 倍左右。

(2)加速因子

加速因子 c_1 和 c_2 代表将每个粒子推向 pbest 和 gbest 位置的统计加速项的权重。较低的加速因子允许粒子在被拉回之前可以在目标区域外徘徊,而高的加速因子则导致粒子突然冲向或越过目标区域,形成较大的适应值波动。一般将 c_1 和 c_2 固定为 2.0。Suganthan 的实验表明,c_1 和 c_2 为常数时可以得到较好的解,但不一定必须为 2,Clerc 和 Kennedy 引入收缩因子 K 来保证粒子群优化算法的收敛性,

$$v_{id} = K[v_{id} + \varphi_1 \mathrm{rand}()(\mathrm{pbest}_{id} - x_{id}) + \varphi_2 \mathrm{rand}()(\mathrm{gbest}_d - x_{id})] \quad (4.4)$$

其中,φ_1 和 φ_2 是需要预先设定的模型参数。

$$K = \frac{2}{|2 - \varphi - \sqrt{\varphi^2 - 4\varphi}|}, \varphi = \varphi_1 + \varphi_2, \varphi > 4 \quad (4.5)$$

对应于式(4.3)中的参数,K 为一种受 φ_1 和 φ_2 限制的 w,而 $c_1 = K\varphi_1$,$c_2 = K\varphi_2$。

(3)最大速度

v_{max} 决定当前位置与最优位置之间区域的精度。如果 v_{max} 太高,粒子可能会飞过好解;如果 v_{max} 太小,粒子不能对局部最优区间之外进行足够的探索,导致算法陷入局部优值。设置最大速度的限制有以下三个目的:①防止计算溢出;②实现

人工学习和态度转变;③决定问题空间搜索的粒度。通常设 v_{max} 为每维变化范围的 $10\%\sim20\%$。

(4)惯性权重

惯性权重 w 使粒子保持运动惯性,使其有扩展搜索空间的趋势,有能力探索新的区域。早期的实验将 w 固定为 1.0,后期的研究中多将 w 设为随时间线性减小,如由 1.4 逐渐降低至 0.2 或者使用模拟退火算法中的降温公式。

由于惯性权重 w 和最大速度的限制 v_{max} 都是维护全局和局部搜索能力的平衡,因此,当 v_{max} 增加时,可以通过减小 w 来达到平衡搜索。反过采,w 的增加可以使得全部粒子较快达到速度的上界。从这个意义上看,可以将 v_{max} 的每个分量固定为对应于变量的变化范围,从而只对 w 进行调节。

对问题空间较大的问题,为了在搜索速度和搜索精度之间达到较好的平衡,通常的做法是使算法在前期有较高的全局搜索能力以得到合适的种子,而在后期有较高的局部搜索能力以提高收敛的精度。为此,可以将 w 设为随时间线性减小,如由 1.4 逐渐降低至 0.2 或者使用模拟退火算法中的降温公式。

这些参数也可以通过模糊系统进行调节。Shi 和 Eberhart 提出一个模糊系统来调节 w,该系统包括 9 条规则,有两个输入和一个输出,每个输入和输出定义了三个模糊集。一个输入为当前代的全局最好适应值,另一个为当前的 w;输出为 w 的变化。结果显示该方法能大幅度提高平均适应值。

此外,群体的初始化也是影响算法性能的一个方面。Angeline 对不对称的初始化进行了实验,发现粒子群优化算法只是略微受影响。

Ozcan 和 Mohan 通过假设 $w=1$,c_1 和 c_2 为常数,pbest 和 gbest 为固定点,进行理论分析,得到一个粒子随时间变化可以描述为波的运行,并对不同的感兴趣的区域进行了轨迹分析。这个分析可以被 Kennedy 的模拟结果支持。

4.1.5　收敛性分析

从式(4.3)、式(4.2)可以看出,尽管 v_k 和 x_k 是多维变量,但每维相互独立,故对算法分析可以简化到一维进行,为简化计算,并且假设粒子本身所找到的最优解的位置和整个种群目前找到的最优解的位置不变,记为 p_b 和 g_b,c_0(记 $c_0=w$)、c_1 和 c_2 为常数。式(4.3)、式(4.2)可以简化为

$$v(k+1) = c_0 v(k) + c_1 (p_b - x(k)) + c_2 (g_b - x(k)) \qquad (4.6)$$

$$x(k+1) = x(k) + v(k+1) \qquad (4.7)$$

由式(4.6)和式(4.7)可得

$$v(k+2) = c_0 v(k+1) + c_1(p_b - x(k+1)) + c_2(g_b - x(k+1)) \quad (4.8)$$

$$x(k+2) = x(k+1) + v(k+2) \quad (4.9)$$

将式(4.7)和式(4.8)代入式(4.9)得

$$
\begin{aligned}
x(k+2) &= x(k+1) + v(k+2) = x(k+1) + c_0 v(k+1) + c_1(p_b - x(k+1)) + \\
&\quad c_2(g_b - x(k+1)) \\
&= x(k+1) + c_0(x(k+1) - x(k)) + c_1(p_b - x(k+1)) + c_2(g_b - x(k+1)) \\
&= (c_0 - c_1 - c_2 + 1)x(k+1) - c_0 x(k) + c_1 p_b + c_2 g_b
\end{aligned}
$$

即

$$x(k+2) + (-c_0 + c_1 + c_2 - 1)x(k+1) + c_0 x(k) = c_1 p_b + c_2 g_b \quad (4.10)$$

这是二阶常系数非齐次差分方程,解此差分方程方法较多,最典型的方法是特征方程方法。

首先解式(4.10)的特征方程: $\lambda^2 + (c_0 + c_1 + c_2 1)\lambda + c_0 = 0$,根据一元二次方程解的情况分 3 种情况:

(1)当 $\Delta = (-c_0 + c_1 + c_2 - 1)^2 - 4c_0 = 0$ 时, $\lambda = \lambda_1 = \lambda_2 = -(-c_0 + c_1 + c_2 - 1)/2$,此时 $x(k) = (A_0 + A_1 k)\lambda^k$, A_0、A_1 为待定系数,由 $v(0)$ 和 $x(0)$ 确定。经计算得

$$
\begin{cases}
A_0 = x(0), \\
A_1 = \dfrac{(1-c)x(0) + c_0 v(0) + c_1 p_b + c_2 g_b}{\lambda} - x(0)
\end{cases}
$$

(2)当 $\Delta = (-c_0 + c_1 + c_2 - 1)^2 - 4c_0 > 0$ 时, $\lambda_{1,2} = \dfrac{c_0 - c_1 - c_2 + 1 \pm \sqrt{\Delta}}{2}$,此时 $x(k) = A_0 + A_1 \lambda_1^k + A_2 \lambda_2^k$, A_0、A_1、A_2 为待定系数。

令 $b_1 = x(0) - A_0$, $b_2 = (1-c)x(0) + c_0 v(0) + c_1 p_b + c_2 g_b - A_0$,经计算得到

$$
\begin{cases}
A_0 = \dfrac{c_1 p_b - c_2 g_b}{c} \\[2mm]
A_1 = \dfrac{\lambda_2 b_1 - b_2}{\lambda_2 - \lambda_1} \\[2mm]
A_2 = \dfrac{b_2 - \lambda_1 b_1}{\lambda_2 - \lambda_1}
\end{cases}
$$

(3)当 $\Delta = (-c_0 + c_1 + c_2 - 1)^2 - 4c_0 < 0$ 时, $\lambda_{1,2} = \dfrac{c_0 - c_1 - c_2 + 1 \pm i\sqrt{-\Delta}}{2}$,此时 $x(k) = A_0 + A_1 \lambda_1^k + A_2 \lambda_2^k$, A_0、A_1、A_2 为待定系数。类似可得

$$
\begin{cases}
A_0 = \dfrac{c_1 p_b + c_2 g_b}{c} \\[2mm]
A_1 = \dfrac{\lambda_2 b_1 - b_2}{\lambda_2 - \lambda_1} \\[2mm]
A_2 = \dfrac{b_2 - \lambda_1 b_1}{\lambda_2 - \lambda_1}.
\end{cases}
$$

当 $k \to \infty$ 时，$x(k)$ 有极限，趋向于有限值，表示迭代收敛。由此可知，若要求上述三种情况 $x(k)$ 收敛，其条件是：$\|\lambda_1\| < 1$ 且 $\|\lambda_2\| < 1$。

经过计算可得以下结论，令 $c = c_1 + c_2$：

当 $\triangle = 0$ 时，收敛区域为：抛物线 $c_0^2 + c^2 - 2c_0 c - 2c_0 - 2c + 1 = 0$ 且 $0 \leqslant c_0 \leqslant 1$。

当 $\triangle > 0$ 时，收敛区域为：$c_0^2 + c^2 - 2c_0 c - 2c_0 + 1 > 0$ 且 $c > 0$ 和 $2c_0 - c + 2 > 0$ 所围成的区域。

当 $\triangle < 0$ 时，收敛区域为：$c_0^2 + c^2 - 2c_0 c - 2c_0 - 2c + 1 < 0$ 和 $c_0 < 1$ 所围成的区域。

综合上述三种情况，收敛区域为 $c_0 < 1$，$c > 0$ 和 $2c_0 - c + 2 > 0$ 所围成的区域，如图 4.2 所示。

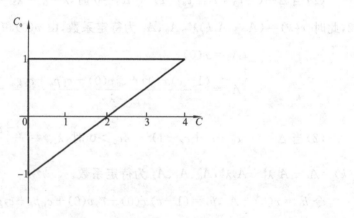

图 4.2　收敛区域

4.2　基本粒子群优化算法的改进

基本粒子群优化算法存在着许多缺陷，如对环境的变化不敏感，常常会受 pbest 和 gbest 的影响而陷入非最优区域，算法经常发生早熟收敛等现象。所以许多学者在基本粒子群的基础上，提出了许多类型的改进算法。根据其自身的特点，这些改进算法大致可以分为离散粒子群优化算法、小生境粒子群优化算法、混合粒子群优化算法等类型。本节中选取了近年来一些主要的改进粒子群优化算法进行简要介绍,并讨论了这些算法的优缺点及主要应用范围。

4.2.1 离散粒子群优化算法

1.离散量子粒子群优化算法

离散量子粒子群优化算法(quantum discrete PSO)于 2004 年由 Yang 等学者提出,是量子粒子群优化算法(quantum PSO)在离散问题上的改进算法。算法将量子粒子群优化算法中的粒子离散化,成为离散的粒子矢量。离散量子粒子群优化算法的粒子群表述为

$$X = [x_1, x_2, \cdots, x_M], \quad X_i = [x_i^1, x_i^2, \cdots, x_i^N] \tag{4.11}$$

其中,M 为粒子群的群体规模,N 为粒子离散化后的位数。离散粒子每一位 x_i^j 只可取 0 或 1。离散量子粒子群优化算法的粒子更新公式为

$$v_{\text{pbest},i}^k = \alpha x_{\text{pbest},i}^k + \beta(1 - x_{\text{pbest},i}^k)$$

$$v_{\text{gbest}}^k = \alpha x_{\text{gbest}}^k + \beta(1 - x_{\text{gbest}}^k)$$

$$v_i^{k+1} = w v_i^k + c_1 v_{\text{pbest},i}^k + c_2 v_{\text{gbest}}^k \tag{4.12}$$

$$x_i^{k+1} = \begin{cases} 1, \text{rand}() > v_i^{k+1} \\ 0, \text{rand}() \leqslant v_i^{k+1} \end{cases}$$

其中,rand() 为分布在[0,1]范围内的随机数。$0 < \alpha$、$\beta < 1$ 为控制参数,代表了算法对速度 v_i^d 的控制度。惯性系数(惰性系数)w、社会系数 c_1 和认知系数 c_2 满足 w、c_1、$c_2 < l$,$w + c_1 + c_2 = 1$。算法具体步骤如下:

(1)初始化离散粒子位置和速度;

(2)计算初始粒子群适应值;

(3)计算 v_{pbest}^k 和 v_{gbest}^k;

(4)根据更新公式,更新粒子速度和位置;

(5)重复步骤(3)直到达到最大迭代次数或输出结果满足要求。

2006 年文献[112]将离散量子粒子群优化算法(QDPSO)应用到车辆排程调度问题(CVRP)上,并与遗传算法(GA)和模拟退火算法(SA)在同一类问题上的运算结果作对比。每种算法对每个函数进行五次搜索运算,取最优一次结果作为对比参考量。运算结果如表 4.1 所示。

表 4.1 基准测试函数运算结果

求解问题	搜索结果			已知最优值
	GA	SA	QDPSO	
A-$n33$-$m5$	661	661	661	611
A-$n46$-$m7$	928	931	914	914
A-$n60$-$m9$	1360	1363	1354	1354
A-$n35$-$m5$	955	960	955	955
A-$n45$-$m5$	762	760	751	751
A-$n68$-$m9$	1296	1298	1272	1272
A-$n78$-$m10$	1248	1256	1239	1221
A-$n30$-$m3$	534	534	534	534
A-$n51$-$m5$	531	541	528	521
A-$n76$-$m7$	697	704	688	682
A-$n72$-$m4$	246	253	244	237
A-$n135$-$m7$	1246	1243	1215	1162
A-$n101$-$m10$	836	848	824	820
A-$n121$-$m7$	1068	1081	1038	1034
A-$n76$-$m4$	605	612	602	593
A-$n101$-$m4$	706	715	694	681

表 4.1 中 n 表示 CVRP 问题中客户的个数，m 表示车辆的数目。可以看出，在所有问题中离散量子粒子群优化算法的搜索效果都是最优秀的。

2. 模糊离散粒子群优化算法

为解决旅行商问题(TSP)，文献[113]于 2005 年提出了模糊离散粒子群优化算法。该算法使用模糊矩阵表示粒子位置和速度，迭代过程中加入归一化和解模糊化运算。具体的算法步骤如下：

(1)初始化粒子位置矩阵和速度矩阵

$$X = \begin{bmatrix} x_{1,1} & \cdots & x_{1,n} \\ \vdots & & \vdots \\ x_{n,1} & \cdots & x_{n,n} \end{bmatrix}, \quad V = \begin{bmatrix} v_{1,1} & \cdots & v_{1,n} \\ \vdots & & \vdots \\ v_{n,1} & \cdots & v_{n,n} \end{bmatrix} \quad (4.13)$$

矩阵中的元素必须满足 $\sum_{j=1}^{n} x_i, j = 1, x_1 \in (0,1)$ 以及 $\sum_{j=1}^{n} x_i, j = 0$，并计算粒子群的 $x_{\text{pbest},i}$ 和 x_{gbest}。

(2)按照式(4.14)更新粒子位置和速度，其中 $\oplus$、$\otimes$ 表示矩阵的加法、乘法

运算

$$V_i^{k+1} = \omega \otimes V_i^k \oplus (c_1 \text{rand}()) \otimes (X_{\text{pbest},i}^k - X_i^k) \oplus (c_2 \text{rand}()) \otimes (X_{\text{gbest}}^k - X_i^k)$$

$$X_i^{k+1} = X_i^k \oplus V_i^{k+1} \tag{4.14}$$

（3）检验 $x_{i,j} \in (0,1)$ 是否成立。如果不成立，则对矩阵进行归一化运算，首先将位置矩阵中所有负值清零，然后进行以下运算

$$X = \begin{bmatrix} \dfrac{x_{1,1}}{\sum\limits_{i=1}^{n} x_{1,i}} & \cdots & \dfrac{x_{1,n}}{\sum\limits_{i=1}^{n} x_{1,i}} \\ \vdots & & \vdots \\ \dfrac{x_{n,1}}{\sum\limits_{i=1}^{n} x_{n,i}} & \cdots & \dfrac{x_{n,n}}{\sum\limits_{i=1}^{n} x_{n,i}} \end{bmatrix} \tag{4.15}$$

（4）采用最大数法等方法将粒子的位置矩阵进行解模糊化，得出可行解。如果新位置可行解优于自身 $x_{\text{pbest},I}$，则令 $x_{\text{pbest},i} = x_i$；如果可行解优于粒子群 x_{gbest}，则令 $x_{\text{gbest}} = x_i$。

（5）重复步骤（2）直到达到最大迭代次数或输出结果满足算法要求。

实验证明，这种模糊离散粒子群优化算法在求解旅行商问题上有着较为优越的性能，运算结果接近全局最优。

4.2.2　粒子群优化算法与遗传算法的混合

1.利用选择的方法

Angeline 提出了用进化计算中的选择机制来改善粒子群优化算法。通常在解决复杂非线性函数时，基于群体的优化算法在快速寻找最优值方面有一定的优势。基于群体的优化算法可以定义如下

$$P' = m(f(P)) \tag{4.16}$$

其中，P 是搜索空间中的一组位置，称为群体。f 是适应值函数，其返回一组值，从而表明群体中每个成员的优化效果。m 是群体修改函数，其返回一组新的群体。从父代中直接得到的信息，或者搜索动态过程中隐含的信息，都能够给予子代一定的指导。粒子群优化算法正是如上式方程形式的基于群体的优化算法。其修改函数是基于昆虫的群体行为，每个个体包含在搜索空间中的当前位置、当前速度、自身搜索到的最好位置。它们通过基本粒子群操作（速度更新公式和位置更新公式）而得到新的群体。

而进化算法是另一种形式的基于群体的搜索方法,定义如下:

$$P' = \mu(s(f(P))) \tag{4.17}$$

其中,μ 是突变函数,其随机改变群体中的部分个体。s 是选择函数,用其他群体成员的复制体(称为父代)代替表现差的粒子。这个选择机制使得搜索能够倾向于之前所走过的具有相对优势的位置。选择对群体起着集中的作用,分布有限的资源使得搜索倾向于具有最大效益的已知区域。

Angeline 提出了混合群体(hybrid swarm),其结合了类似于传统进化计算算法中选择机制。混合群体和粒子群在各方面都很相似,它结合了进化计算中的锦标选择算子(tournament selection method)。锦标选择算子可描述如下:

(1)每个个体基于当前位置的适应值与其他个体的适应值进行比较,如果当前个体的适应值优于某个个体的适应值,则每次授予该个体一分。对每个个体重复这个过程。

(2)根据前一步所计算的分数对种群中的个体进行从大到小的排列。

(3)各级种群中顶部的一半个体,并对它们进行复制,取代种群底部的一半个体,在此过程中最佳个体的适应度并未改变。

此选择过程在粒子修改群体前执行。通过增加这个选择过程,在每一代中,一半的个体将会被移动到比当前位置具有相对优势的位置上。移动后的个体将仍然保持它们的个体最优位置。可见混合群体和粒子群体的区别是很小的,区别仅仅在于带选择机制的混合群体比粒子群体具有更多开发能力,即在已具有的信息的基础上继续搜索的能力。实验表明该算法在某些函数上比粒子群具有优势,如 Rosenbrock 函数和 Rastrigin 函数。

2. 利用杂交的方法

Lovbjerg 提出了繁殖(breeding)粒子群优化算法,粒子群中的粒子被赋予一个杂交概率,这个杂交概率由用户定义,与粒子的适应值无关。在每次迭代中,根据杂交概率选择一定数量的粒子进入一个池中,池中的粒子随机地两两杂交,产生相同数目的子代,并用子代粒子取代父代粒子,以保证种群的粒子数目不变。

用 a 和 b 表示被选择的两个亲代个体的指针,那么繁殖算法的计算公式表示为

$$\text{child}_1(X_i) = p_i\text{parent}_1(X_i) + (1.0 - p_i)\text{parent}_2(X_i) \tag{4.18}$$

$$\text{child}_2(X_i) = p_i\text{parent}_2(X_i) + (1.0 - p_i)\text{parent}_1(X_i) \tag{4.19}$$

$$\text{child}_1(V_i) = \frac{\text{parent}_1(V_i) + \text{parent}_2(V_i)}{|\text{parent}_1(V_i) + \text{parent}_2(V_i)|} \cdot |parent_1(V_i)| \tag{4.20}$$

$$child_2(V_i) = \frac{parent_1(V_i) + parent_2(V_i)}{|parent_1(V_i) + parent_2(V_i)|} \cdot |parent_2(V_i)| \qquad (4.21)$$

通过该方法产生的子代代替父代。可见选择父代没有基于适应值,防止了基于适应值的选择对那些多局部极值的函数带来潜在问题。p_i是$[0,1]$之间的随机数(经验值约为0.2)。理论上讲繁殖法可以更好地搜索粒子间的空间,两个在不同局部最优点的粒子经过繁殖后,可以从局部最优逃离。结果表明,对于单峰函数,繁殖法虽略加快了收敛速度,却不如基本 PSO 和 GA 找到的解好,而对于多局部极值的函数,繁殖 PSO 不仅加快了收敛速度,而且找到了同样好或更好的解。

4.2.3 粒子群优化算法与模拟退火思想的混合

1.模拟退火粒子群优化算法(SAPSO)的基本思想

基本粒子群优化算法中,虽然粒子速度作了限制,不会变化太大,但位置更新时未作限制,就有可能新的位置会变得很坏,引起收敛速度缓慢,所以要对更新的位置作限制。限制的思路有两种方法:一种采用类似于速度限制的方法,给每一维变量限制一个范围。具体修改如下:

方法 1   其他步骤同基本粒子群优化算法的程序,步骤(5)变为:"按式(4.2),更新当前的位置,并把它限制在x_{max}内"。

另一种思路采用模拟退火算法思想,模拟退火算法用于优化问题的出发点是基于物理学中固体物质的退火过程与一般优化问题的相似性。算法的基本思想是从一给定解开始的,从邻域中随机产生另一个解,接受准则允许目标函数在有限范围内变坏,以一定概率接受新的解。因此有 3 种方法改进分述如下。

方法 2   按式(4.2),计算新的位置,计算两个位置所引起的适应值的变化量$\triangle E$;若$\triangle E \leqslant 0$,接受新值,否则若 $\exp(-\triangle E/T) > rand(0,1)$($rand(0,1)$表示 0~1 之间的随机数),也接受新值;否则就拒绝,x_{k+1}仍为 x_k。具体步骤如下:

(1)对每个粒子初始化,设定粒子数n,随机产生n个初始解或给出n个初始解,随机产生n个初始速度,给定起始温度T、终止温度T_0和退火速度α。

(2)根据当前位置和速度产生每个粒子的新位置。

While(迭代次数<规定迭代次数)do

(3)计算每个粒子新位置的适应值;对每个粒子,若粒子的适应值优于原来的个体极值 pbest,设置当前适应值为个体极值 pbest。

(4)根据各个粒子的个体极值 pbest 找出全局极值 gbest。

(5)按式(4.1),更新自己的速度,并把它限制在 $v_{\max}$ 内。

(6)按式(4.2),更新当前的位置。

(7)计算两个位置所引起的适应值的变化量 $\triangle E$;若 $\triangle E \leqslant 0$,接受新值;否则若 $\exp(-\triangle E/T) >$ rand$(0,1)($rand$(0,1)$ 表示 $0 \sim 1$ 之间的随机数),也接受新值;否则就拒绝,x_{k+1} 仍为 x_k。

(8)若接受新值,降温 $T \leftarrow \alpha T$;否则不降温。

方法 3　接受准则允许目标函数在有限范围内变坏,且不按概率取舍,直接按 $\triangle E < e,e$ 为按允许目标函数变坏范围。具体算法如下:

(1)对每个粒子初始化,设定粒子数 n,随机产生 n 个初始解或给出 n 个初始解,随机产生 n 个初始速度。

(2)根据当前位置和速度产生各个粒子的新的位置。

While(迭代次数<规定迭代次数)do

(3)计算每个粒子新位置的适应值。

(4)对各个粒子,若粒子的适应值优于原来的个体极值 pbest,设置当前适应值为个体极值 pbest。

(5)根据各个粒子的个体极值 pbest 找出全局极值 gbest。

(6)按式(4.1),更新自己的速度,并把它限制在 $v_{\max}$ 内。

(7)按式(4.2),更新当前的位置。

(8)计算两个位置所引起的适应值的变化量 $\triangle E$;若 $\triangle E < e,e$ 为按允许目标函数变坏范围 $\triangle E \leqslant 0$,接受新值;否则就拒绝,x_{k+1} 仍为 x_k。

方法 4　将方法 1 与方法 3 结合在一起,其他步骤同方法 3,Step7 变为:"按式(4.2)式,更新当前的位置,并把它限制在 $x_{\max}$ 内"。

2.算法测试

在本节中,以一个简单的优化问题 min $f(x_1,x_2)=x_1{}^2+x_2{}^2$ 来测试各种算法。

在基本粒子群优化算法中,粒子数 $n=4,c_0=l$,初始粒子位置为(2,1)、$(-1,3)$、$(-1.5,-1)$、$(1.5,-1.5)$,$v_{\max}=5$,初试速度都为 0。

方法 1 的参数与基本粒子群优化算法相同,$x_{\max}=10$。

方法 2 的参数与基本粒子群优化算法相同,起始温度 $T=100000$,退火速度 $\alpha=0.99$。

方法 3 的参数与基本粒子群优化算法相同,$e=100$。

方法 4 的参数与基本粒子群优化算法相同,$e=100,x_{\max}=10$。

测试的优化问题解为$(x_1*, x_2*) = (0,0)$，$f_{min} = 0$。以目标函数 $f < 0.01$ 为停止条件，测试两种达到要求的迭代次数为衡量标准。各种算法各随机测试 100 次，结果如表 4.2 所示。

方法 1 比基本粒子群方法有所改进。方法 2 不如方法 3 和方法 4。因为方法 2 中，随着温度的降低，接受的概率变得很小，可能使有些粒子的位置停止不前，反而使收敛速度很慢。从表 4.2 中可以看出，方法 4 算法是一种比较有效的算法，图 4.3 是方法 4 在 $x_1 - x_2$ 二维空间的迭代游历图。

表 4.2   各种策略测试结果

算法	结果比较		
	最快迭代次数	最慢迭代次数	平均迭代次数
基本粒子群优化算法	4	1546	312
方法 1 算法	4	1514	252
方法 2 算法	7	2234	579
方法 3 算法	3	1297	234
方法 4 算法	3	1204	215

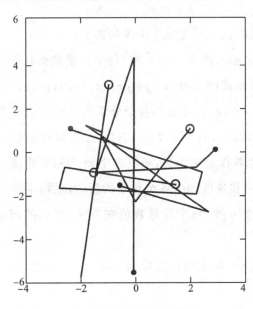

图 4.3   方法 4 的迭代过程

（〇表示起始点，●表示终点）

4.2.4   粒子群优化算法与混沌理论的混合

1. 基本粒子群优化算法的不足

分析基本粒子群优化算法搜索过程有两点不足：

(1)初始化过程是随机的,随机过程虽然大多可以保证初始解群分布均匀,但对个体的质量不能保证,解群中有一部分远离最优解。如果初始解群比较好,将会有助于求解效率与解的质量。

(2)利用式(4.1)、式(4.2)更新自己的速度和新的位置,本质是利用本身信息、个体极值信息和全局极值三个信息,来指导粒子下一步迭代位置。这实际上是一个正反馈过程,当本身信息和个体极值信息占优势时,该算法很容易陷入局部最优解。

2. 混沌粒子群优化算法(CPSO)的基本思想

将混沌引入粒子群优化算法就是对基本粒子群优化算法的不足提出改进,基本思路是:利用混沌运动的遍历性,产生大量初始群体,从中择优出初始群体;对当前粒子个体产生混沌扰动,以使解跳出局部极值区间。

设求解 n 维的优化问题:

$$min\ f(x_1, x_2, \cdots, x_n)$$
$$s.t.\ a_i \leqslant x_i \leqslant b_i \tag{4.22}$$

解优化问题的混沌粒子群优化算法步骤如下:

(1)混沌初始化。随机产生一个 n 维、每个分量数值在 $0 \sim 1$ 之间的向量 $z_1 = (z_{11}, z_{12}, \cdots, z_{1n})$。根据式(3.20),$z_{i+1j} = \mu z_{ij}(1-z_{ij})(j=1,2,\cdots,n; i=1,2,\cdots,N-1)$ 得到 N 个 $z_1, z_2, \cdots, z_N$。将 z_i 的各个分量载波到优化变量的取值范围:$x_{ij} = a_j + (b_j - a_j)z_{ij}(j=l,2,\cdots,n; i=1,2,\cdots,N)$。计算目标函数,从 N 个初始群体中选择性能较好的 m 个解作为初始解,随机产生 m 个初始速度。

(2)根据当前位置和速度产生各个粒子的新的位置。

(3)随机产生一个 n 维、每个分量数值在 $0 \sim 1$ 之间的向量 $u_0 = (u_{01}, u_{02}, \cdots, u_{0n})$。

While(迭代次数 $k <$ 规定迭代次数 n_{max})do

For $i = l:m$

(4)按式(4.1),更新自己的速度,并把它限制在 v_{max} 内。

(5)根据式(3.20),产生 $u_1 = (u_{11}, u_{12}, \cdots, u_{1n})$,$u_{1j} = 4u_{0j}(1-u_{0j})(j=1,2,\cdots,n)$,将 u_1 的各个分量载波到混沌扰动范围 $[-\beta, \beta]$ 内,扰动量 $\triangle x = (\triangle x_1, \triangle x_2, \cdots, \triangle x_n)$ 为 $\triangle x_j = -\beta + 2\beta u_{1j}$,$u_0 = u_1$;$x_{ik+1} = x_{ik} + v_{ik+1}$,$x'_{ik+1} = x_{ik} + v_{ik+1} + \triangle x$,计算这两个位置的适应值 f 和 f'。若 $f' < f$,则 $x_{ik+1} = x'_{ik+1}$。

(6)$k = k + l$,计算第 i 个粒子的适应值 f_i。若粒子的适应值优于原来的个体极值,设置当前适应值为个体极值 $pfbest_{ik}$,设置当前位置为个体极值位置 $pxbest_{ik}$。

(7)根据各个粒子的个体极值 $pfbes_{ik}(i=1,2,\cdots,m)$,找出全局极值 $gfbes_k$ 和全局极值位置 $gxbes_k$。

输出全局极值 gfbest 和全局极值位置 gxbest。

3. 算法测试

(1)迭代次数测试

用 CPSO 对以下 4 个经常被国内外学者用来测试优化算法有效性的测试函数进行优化计算,以精度为 0.00001 时所需要的迭代次数作为比较。初始群体数 $N=100$,粒子数 $m=50$,每种算法运行 100 次,结果如表 4.3 所示。

$$F_1=x_1^2+x_2^2,-1\leqslant x_i\leqslant 1$$

$$F_2=100(^-x_2)2+(^1-x_1)2,-2\leqslant x_i\leqslant 2$$

$$F_3=\frac{\sin^2\sqrt{x_1^2+x_2^2-0.5}}{[1+0.001(x_1^2+x_2^2)]^2}+0.5,-1\leqslant x_i\leqslant 1$$

$$F_4=x_1^2+2x_2^2-0.3\cos 3\pi x_1-0.4\cos \pi x_2+0.7,-1\leqslant x_i\leqslant 1$$

表 4.3 迭代次数结果比较

测试函数	优化方法	迭代次数最小值	迭代次数平均值	迭代次数最大值
F_1	PSO	5	34.90	107
	PSO+混沌初始化	3	33.42	110
	PSO+混沌扰动	4	31.45	115
	CPSO	3	30.85	74
F_2	PSO	5	170.52	766
	PSO+混沌初始化	10	144.42	616
	PSO+混沌扰动	7	146	505
	CPSO	2	143.92	595
F_3	PSO	8	33.46	143
	PSO+混沌初始化	3	31.90	89
	PSO+混沌扰动	4	32.35	110
	CPSO	2	27.64	69
F_4	PSO	8	83.33	315
	PSO+混沌初始化	4	88.02	289
	PSO+混沌扰动	6	78.12	375
	CPSO	4	74.94	282

CPSO 算法是指在基本粒子群优化算法上加入混沌初始化和混沌扰动。从表 4.3 中可以看出基本粒子群优化算法上加入混沌初始化或混沌扰动后,大多数情

况效果比较好,少数情况效果稍差的原因是加入混沌后,搜索的区域较大,有可能使迭代次数增加。同时加入混沌初始化和混沌扰动的混沌粒子群优化算法的效果更好,迭代次数明显减少。

(2)收敛性测试

同样以上述 4 个函数为测试函数,初始群体数 $N=100$,粒子数 $m=50$,以最大迭代次数 100 次为停止条件,每种算法运行 100 次,计算平均最优解,结果如表 4.4 所示。从表 4.4 中可以看出基本粒子群优化算法容易陷入局部最优,加入混沌初始化或混沌扰动后,或同时加入混沌初始化和混动扰动,某种程度上可以跳出局部最优解。

表 4.4 平均最优解比较

测试函数	最优解	PSO	PSO+混炖初始化	PSO+混沌扰动	CPSO
F_1	0	0.0214	0.0163	0.0184	0
F_2	0	0.0235	0.0056	0.0095	0.0012
F_3	−1	−0.986	−0.997	−0.991	−1
F_4	0	0.0212	0.00724	0.00954	0.0031

(3)与前人的研究成果比较

为了更一步验证方法的有效性,考虑下面优化问题:

$$F_5 = \frac{1}{100}\sum_{i=1}^{100} x_i^4 - 16x_i^2 + 5x_i, -10 \leqslant x_i \leqslant 100, i = 1,2,\cdots,100$$

当 $x_i* = -2.904$ 时,该函数的最小目标值为 -78.3323,与前人的研究成果进行比较,每种算法均运行 10 次,结果如表 4.5 所示,从表 4.5 中可以看出本项目的混沌粒子群优化算法的有效性。

表 4.5 与其他文献的结果比较

算法类型	迭代次数最小值	迭代次数平均值	迭代次数最大值
混沌优化方法	18760	29542	37553
文献[115]方法	19980	23664	27599
文献[116]方法	1197	5983	8892
文献[117]方法	752	2146	3500
CPSO	674	1975	3277

4.3 粒子群优化算法求解车间作业调度问题

车间生产过程的作业调度问题(the Job Shop Scheduling Problem,JSSP)是制

造系统、运筹技术、管理技术与优化技术发展的核心,有效的调度方法与优化技术的研究和应用已成为先进制造技术实践的基础和关键。JSSP 是所有生产调度中最复杂、最困难,也更具一般性的问题之一。

JSSP 具有许多实际应用背景,开发有效而精确的调度算法是调度和优化领域中重要的课题。然而 JSSP 是最困难的约束组合优化问题和典型的 NP 难问题,其特点是没有一个有效的算法能够在多项式时间内求出其最优解。正是由于作业调度问题的复杂性,即使在规模较小时,当前获得最优解仍是非常困难的。基于最优化的一些方法的实用性很差,如分支定界、动态规划等,人们只能以各种启发式算法趋近最优解,如优先指派规则、lagrangian 松弛法和基于瓶颈的启发式方法。

近年来,基于生物学、物理学、人工智能、神经网络、计算机技术及仿真技术的迅速进步,为调度问题的研究开辟了新的思路。有关 JSSP 的研究也取得了许多有意义的成果,提出了许多算法,如智能模拟退火、禁忌搜索、神经网络、遗传算法等已开始在生产线调度领域得到应用。这些方法的共性是对生产线优化问题寻求满足实际需要的近似解或满意解,而非精确最优解,在大规模生产线优化调度方面具有很好的应用前景。

本节从智能优化的角度出发,基于粒子群优化提出了适应车间作业调度问题的新颖的算法,并通过模拟实验验证了所提各种算法的有效性。

4.3.1   JSSP 描述

一个典型的作业调度问题的提法为:一个加工系统中有 m 台机器和 n 个待加工的工件,所有工件的加工路径(即技术约束条件)预先给定,但不要求一致,各工件在各机器上的操作时间已知。调度的任务是如何合理安排每台机器上工件的加工次序,使约束条件得到满足,同时使某些性能指标得到优化。一般需要满足以下两个约束:①工件 i 的第 j 道工序必须在第 $j-1$ 道工序完成后才能开始,即顺序约束;②同一时刻,一台机器只能加工一个工件,进行一道工序的操作,即资源约束。

具体地,用 $J=\{1,2,\cdots,n\}$ 表示工件集,$M=\{1,2,\cdots,m\}$ 表示机器集,$O=\{0,l,\cdots,n\times m,n\times m+1\}$ 表示所有工序的集合,其中,0 和 $n\times m+1$ 分别表示虚拟的开始和结束操作,其中的每个工序是和顺序约束相关的. 对于每个工序 j,只能在它的前序工序集 P_i 中的所有工序均已被加工完成,并且加工工序 j 的机器为空闲时,才可以进行调度加工.用 T_i 表示工序 j 的加工时间,F_i 表示工序 j 的完工时间,$A(t)$ 表示在 t 时刻正被加工的工序集.如果工序 j 需要在机器 m 加工,则表示为 $e_{jm}=l$,否则 $e_{jm}=0$。则最小化最终完工时间的调度问题,可以用以下模型阐述:

$$\min F_{n\times m+1,} \tag{4.23}$$

$$s.t. \quad F_k \leqslant F_j - T_j, j=1,2,\cdots,n\times m+1; k\in P_j, \tag{4.24}$$

$$\sum_{j\in A(t)} e_{jm} \leqslant 1, m\in M; t\geqslant 0, \tag{4.25}$$

$$F_j \geqslant 0, j=1,2,\cdots,n\times m+1. \tag{4.26}$$

目标函数(4.23)最小化最后一个工序的完工时间,即 makespan。约束(4.24)保证工序之间的约束关系。约束(4.25)表示每个机器同一时刻只能加工一个工序。约束(4.26)保证工序的完工时间是非负的,确保所有工序都被完成。

在典型的 Job Shop 调度问题中,除技术约束外,通常还假定以下条件:各工件经过其准备时间后即可开始加工;每一时刻每台机器只能加工一个工序且每个工序只能被一台机器所加工,同时加工过程为不间断,整个加工过程中机器均有效;整个加工过程中,每个工件不能在同一台机器上加工多次;各工件必须按工艺路线以指定的次序在机器上加工;不考虑工件加工的优先权;操作允许等待,即前一个操作未完成,则后面的操作需要等待;所有机器处理的加工类型均不同;除非特殊说明,工件的加工时间事先给定且在整个加工过程中保持不变;除非特殊说明,工件加工时间内包含加工设置时间。

JSSP 的求解要远远复杂于旅行商问题和流水线作业调度问题,其原因在于:

(1)解空间容量巨大,n 个工件、m 台机器的问题包含 $(n!)^m$ 种排列,即使对于 Fisher-Thompson10×10 问题,解空间就达到 3.96×10^{65},若用每秒运算 1 亿次的计算机,遍历解空间需要 1.26×10^{50} 年;

(2)调度解的编码复杂且多样性,算法的搜索操作多样化;

(3)存在工艺技术约束条件的限制,必须考虑解的可行性;

(4)调度指标的计算相对算法的搜索比较费时;

(5)优化超曲面缺少结构信息,通常复杂且存在多个分布无规则甚至彼此相邻的极小。

4.3.2　基于粒子群优化的 JSSP 求解

本节给出一种新颖的基于粒子群优化求解车间作业调度问题的算法。为了适合于 JSSP 的求解,拓广了粒子群系统中粒子的距离和速度的含义。提出的基于粒子群优化的车间作业调度算法有效地利用了粒子群系统的分布和并行计算的性能。对调度标准测试问题进行了模拟实验,结果表明该算法能够比较有效地获得问题的近似优化解。

1. 粒子群系统中 JSSP 的表述

用粒子群算法解决 JSSP,每个粒子代表问题的一个潜在解,也就是一个可行调度.本节采用了一种基于操作(工序)的编码方式,每个粒子由 $n \times m$ 个代表操作的基因组成,是所有操作的一个排列,其中,各工件号均出现 m 次,自左向右扫描该排列,某个工件号的第 k 次出现表示该工件的工艺约束中的第 k 道工序。

例如,对于一个 4×4 调度问题(4 个工件,4 台机器),假如粒子群系统中的一个粒子为(2 1 3 4 2 4 3 2 1 2 3 3 1 1 4 4)。由于每个工件包含 4 个操作,因此,工件号重复出现 4 次,其中,粒子的第 5 个基因 2,由于是工件 2 在整个排列中自左向右扫描时第 2 次出现,故它表示工件 2 的第 2 道工序。类似地,第 8 个基因表示工件 2 的第 3 道工序,依此类推。

容易注意到,这种编码方式的显著优点是任意基因串的置换排列均能表示可行调度,而且解码时避免了死锁的发生;其缺点是使解空间产生了冗余性,即代表粒子的码与调度是多对一的关系,对于 $n \times m$ 问题,粒子的搜索空间增长为 $(n \times m)! (m!)^n$。同时,这种编码方式具有半 Lamarkian 性和 1 类解码复杂性,其中,半 Lamarkian 性是指后代所继承的码的片段中只有部分与父代相同,1 类解码复杂性是指通过简单映射关系即可实现解码。

2. 初始粒子群生成

若随机生成粒子群系统中的初始粒子,整个搜索过程相对要花费较长的时间,而且降低了获得最优解的可能性。本节利用 Giffler-Thompson 算法产生初始群体,该算法是一种生成活动调度的树搜索算法。其步骤如下:

Step1 令 $Q(1) = \{O_{ij} | i = l, 2, \cdots, n; j = 1, 2, \cdots, m\}$ 为所有操作的集合;$S(1)$ 为所有工件第 1 道工序的集合。

Step2 令 $t = 1$。

Step3 令 $o*$ 为满足 $c(o*) = min\{c(o_{ij}) | o_{ij} \in S(t)\}$ 的操作,$m*$ 为进行该操作的机器;从集合 $\{o_{im}* S(t); r(o_{im}*) < c(o*)\}$ 中确定一个操作 $o_{im}*$。

Step4 生成 $Q(t+1) = Q(t) \backslash \{o_{im}*\}$。由 $S(t)$ 除去操作 $o_{im}*$,并添加工件 i 的下一道工序来生成集合 $S(t+1)$。

Step5 若 $Q(t+1)$ 为非空,则令 $t = t + l$,并转 Step3;否则结束算法。

其中，o_{ij} 表示工件 i 在机器 j 上的操作，p_{ij} 表示 o_{ij} 的加工时间，$S(t)$ 表示第 t 步的前一道工序执行时刻所有未执行操作的集合，$r(o_{ij})$ 表示 $S(t)$ 中的 o_{ij} 对应的工件 i 到达机器 j 的时间，$c(o_{ij})$ 表示 $S(t)$ 中的 o_{ij} 可完成的最早时间，即 $c(o_{ij})=r(o_{ij})+p_{ij}$。

3.目标函数和适应度函数

最常用的 JSSP 的目标函数是最小化最大完工时间，即 makespan。在数学上，JSSP 是为了寻找这样一个调度

$$\min(T(JM)) = \min\{\max[T(1),T(2),\cdots,T(i),\cdots,T(m)]\} \quad (4.27)$$

其中，$T(i)$ 是机器 i 上所有工件的最终完成时间，$T(JM)$ 是所有工件的最终完成时间。

粒子的适应度用下面的公式进行评估

$$f_i = \frac{100 \times \text{opt}}{T_i(JM)} \quad (4.28)$$

其中，f_i 为第 i 个粒子的适应度，opt 为问题已知的最优解。目标函数值 $T_i(JM)$ 可以通过解码操作获得。由于最优解一定是活动调度，本节采用活动化解码操作，这样可以使粒子解码后所得到的最大完工时间最小化。

设粒子群中每个粒子结构形如 $a[1],a[2],\cdots,a[n\times m]$，其中，$a[1]\in\{1,2,\cdots,n\}$，$i=l,2,\cdots,n\times m$。活动化解码算法如下：

Stepl　令 $k[i]=l,i=l,2,\cdots,n$。

Step2　For $i=1$ to $n\times m$。

(1)得到加工工件 $a[i]$ 机器号 $JM(a[i],k[a[i]])$；

(2)令 $k[a[i]]=k[a[i]]+1$；

(3)将工件 $a[i]$ 在机器 $JM(a[i],k[a[i]]-1)$ 上的操作以最早允许加工时间加工，即从零时刻到当前时刻对该机器上的各加工空闲依次判断能否将此工件插入加工。若能，则在空闲中插入加工，并修改该机器上的加工队列；否则，以当前时刻加工该工件，将此工件排在当前队列的末尾。

算法中，工序 I 能在空闲时间段 $[t_1,t_2]$ 插入加工的条件为

$$\max(t(I),t_1)+T_I \leqslant t_2, \quad (4.29)$$

其中，t_1 和 t_2 分别为空闲起始和终止时刻，$t(I)$ 为工序 I 目前的最早允许加工时间，T_1 为工序在机器上的加工时间。

例如，考虑表 4.5 中的三个工件，两个机器的调度问题。该问题中工件 1 首先

要在机器 2 上加工一个单位时间,继而在机器 1 加工两个单位时间,依此类推。假设一个粒子为 $a=(1,3,2,2,1,3)$,它对应的半活动调度的 Gantt 图如图 4.4 所示,其 makespan 为 7 个单位时间,而它对应的活动调度的 Gantt 图如图 4.5 所示,其 makespan 为 6 个单位时间,

表 4.5   3×2 调度实例

	(m,t)	(m,t)
工件 1	(2,1)	(1,2)
工件 2	(1,3)	(2,2)
工件 3	(1,1)	(2,1)

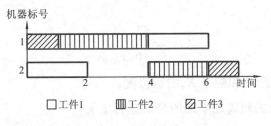

图 4.4   半活动调度 Gantt 图

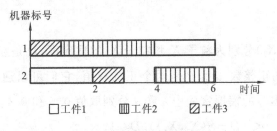

图 4.5   活动调度 Gantt 图

4. 冗余性与二级编码

注意到,粒子群系统中每个粒子对应唯一一个活动调度,而一个调度可能对应多个相同的粒子,也就是说,粒子的搜索空间存在冗余性,仍以粒子 $a=(1,3,2,2,1,3)$ 为例,显然,存在一个粒子 $b=(3,2,1,2,1,3)$。

通过从左向右依次扫描一个粒子的所有基因,可以按顺序得到在某一个机器上加工的所有工件编号。对每个机器重复这样的操作,可以得到一个新的排列,这里将这个排列称为粒子的二级编码(bilevel encoding)。如果两个粒子的二级编码相同,则它们对应同一个调度。上述的粒子 a 和 b 的二级编码均为 $(3,2,1,1,2,3)$,故它们对应同一个调度,称粒子 a 和 b 具有冗余性。如果一个粒子具有冗余性,随机交换它的两个不同的基因。二级编码的目的只是为了降低搜索空间的冗

余性,在粒子群系统的其余操作中,仍采用基于工序的表述方式。

5.粒子群系统的更新方式

由于传统的粒子群优化算法不能直接用于求解车间作业调度问题,为了适合于 JSSP 的求解,拓广了粒子群系统中粒子的距离和速度的含义,并提出了一种用于求解 JSSP 的离散粒子群优化算法。首先给出两个粒子的相似度的定义,设 $x_i=(x_{i1},x_{i2},\cdots,x_{iD})$ 和 $x_j=(x_{j1},x_{j2},\cdots,x_{jD})$ 分别表示 D 维空间的第 i 个和第 j 个粒子,定义函数

$$S(X_i,X_j) = \sum_{k=1}^{D} s(k) \tag{4.30}$$

其中

$$s(k) = \begin{cases} 1, x_{ik} = x_{jk} \\ 0, x_{ik} \neq x_{jk} \end{cases} \tag{4.31}$$

称 $S(X_i,X_j)$ 为粒子 X_i 和粒子 X_j 的相似度。

两个粒子之间的距离用下面的公式进行定义

$$\text{dis}(X_i - X_j) = k \cdot \left[\frac{\alpha \cdot |f(X_i) - f(X_j)|}{100} + \frac{\beta \cdot (D - S(X_i,X_j))}{D} \right] \tag{4.32}$$

其中,$f(X_i)$ 和 $f(X_j)$ 分别为粒子 X_i 和粒子 X_j 的适应度,D 是粒子的维数,k 是一个称为加速系数的正整数,α 和 β 是两个正的权值,它们可以通过尝试来确定,并且满足 $\alpha+\beta=1$,本节的模拟实验中 α 和 β 分别取值 0.6 和 0.4。显然 $0 \leqslant |f(X_i)-f(X_j)|/100 \leqslant 1, 0 \leqslant (D-S(X_i,X_j))/D \leqslant 1$。

相应地,也将粒子的速度的含义拓广为基因置换的次数。设 $X=(x_1,x_2,\cdots,x_D)$ 和 $Y=(y_1,y_2,\cdots,y_D)$ 分别表示 D 维空间的两个粒子,一次基因置换的具体方法如下:

(1)设置计数器 $m=0$,随机选择两个粒子的第 k 个基因,如果 $x_k=y_k=s$,转(2);否则,即 $x_k=s,y_k \neq s$ 转(3),其中,s 是粒子第 k 个基因对应的工件号。

(2)分别从左至右扫描粒子 X 和 Y 的第 k 个基因以前的基因片段,并记录 s 出现的次数,分别标注为 $X_T(s,k)=t_x,Y_T(s,k)=t_y$。如果 $t_x>t_y$,转(4);如果 $t_x<t_y$,转(5);否则,即 $t_x=t_y$,转(6)。

(3)随机选粒子 Y 的第 j 个基因,直到满足 $y_j=s,y_j \neq c_j$。交换基因 y_j 和 y_k,并设置计数器 $m=l$,转(2)。

(4)在粒子 Y 中,随机选择第 k 个基因以前的满足条件 $y_j \neq c_j, y_j \neq s, j<k$ 的

基因,将该基因同 Y 中出现在第 k 个基因以后的代表工件号 s 的基因交换位置,直到 $t_x = t_y$,转(7)。

(5)在粒子 Y 中,随机选择第 k 个基因以后的满足条件 $y_j \neq x_j, y_j \neq s, j > k$ 的基因,将该基因同 Y 中出现在第 k 个基因以前的代表工件号 s 的基因交换位置,直到 $t_x = t_y$,转(7)。

(6)如果 $m = 0$,重新随机选取基因位置标号 $k, 1 \leqslant k \leqslant n \times m$;如果 $m = l$,转(7)。

(7)算法结束。

用"①"标注基因的置换操作,提出的适用于求解车间作业调度问题的粒子群优化算法的更新公式可以表示为

$$v_{id} = \text{int} \left[wv_{id} + c_1 r_1 dis(p_{id} - x_{id}) + c_2 r_2 (p_g - x_{id}) \right] \tag{4.33}$$

$$x_{id} = x_{id} \oplus v_{id} \tag{4.34}$$

其中,$\text{int}[\cdot]$ 表示取整函数,$dis(\cdot)$ 可以通过式(4.32)求得。

6. 基于粒子群优化求解 JSSP 的流程

粒子在按粒子群系统更新式(4.33)和式(4.34)进行更新后,进行两种提出的启发式操作——局部搜索和阶跃记忆回溯,以加速算法的收敛速度。

局部搜索是指对于每个粒子随机进行 k 位调整以寻求更优解,$0 \leqslant k \leqslant \text{bit}$,其中,bit 为调整位数的上限。$k$ 位调整通过选择粒子中的 k 个位置并随机交换这些位置上的基因来完成操作。调整操作后用新产生的粒子来替换原来群体中的最差粒子。

阶跃记忆回溯具体描述如下:

粒子群系统每隔 g 代进行一次群体记忆,g 的大小随着当前迭代次数 NG 的增加每隔一定代数而呈阶跃式增加,具体表示为

$$g = 100 \cdot t, 2^{t-1} \cdot 100 \leqslant NG \leqslant 2^t \cdot 100, \tag{4.35}$$

其中,t 的初始值为 1,每发生一次阶跃,g 与当前迭代次数 NG 的关系如图 4.6 所示,其中,散点表示记忆时间。

这样粒子群系统具有保留过去某时间段的整个群体快照,同时为节省储存空间,设粒子群系统的记忆深度为 3,也就是说,它只能保留最近三次的群体快照。如果粒子群中的最优粒子 g_{best} 在一定次数的迭代过程中没有改善,在保留最优粒子的前提下,按一定的比率随机从三次快照中引入部分粒子替代群体中的部分粒子。

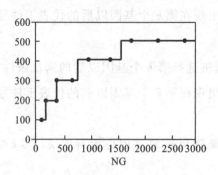

图 4.6 g 与当前迭代次数 NG 的关系

基于粒子群优化求解 JSSP 的流程图如图 4.7 所示。

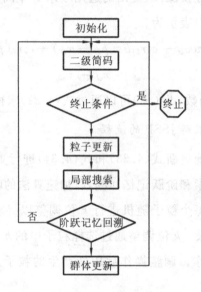

图 4.7 基于粒子群优化求解 JSSP 的流程框图

4.3.3 模拟实验结果与分析

鉴于 JSSP 的重要性和代表性,许多研究工作者设计了若干典型问题(benchmarks)用以测试和比较不同方法的优化性能,其中,典型的测试问题主要有 FT 类、LA 类等,分别由 Fisher,Thompson 和 Lawrence 构造。这些标准测试问题可以从标准测试库 ftp://mascmga. ms. ic. ac. uk/pub/jobshopl(2). txt 下载到。本节从 LA 和 FT 类问题中选取了一些测试问题以检验所提出的算法的性能. 数字模拟实验是在奔腾 IV 1.4GHz 处理器 256MB 内存的 PC 上实现的。数值模拟结果列于表 4.6 中,其中,BKS 列所示为问题已知的最优解,PSO 列所示为基于本节提出的算法得到的最优解。误差百分比按式(4.36)计算,可以看出,所提出的基于粒子群优化的车间作业调度算法是比较有效的。

$$\text{Err}\% = \frac{\text{PSO} - \text{BKS}}{\text{BKS}} \times 100\% \qquad (4.36)$$

表 4.6   标准问题测试结果

问题	规模	已知最优解	PSO 结果	误差/%	时间/s
FT 06	6×6	55	55	0.0	0.01
FT 10	10×10	930	941	1.2	1630
FT 20	20×5	1165	1167	0.2	876
FA 06	15×5	926	926	0.0	0.03
FA 08	15×5	863	863	0.0	3.27
FA 11	20×5	1222	1222	0.0	0.06
FA 16	10×10	945	945	0.0	583
FA 21	15×10	1053	1064	1.0	661
FA 27	20×10	1269	1285	1.3	1337
FA 32	30×10	1850	1850	0.0	496

为了更直观地阐述模拟结果,以下给出了 FT6×6 标准问题的一个最优解:$a = (3,3,3,2,2,2,1,1,4,4,3,5,6,6,6,6,1,4,4,2,5,5,3,3,5,1,1,2,2,4,4,5,5,6,6,1)$,该粒子由活动调度解码得到的 makespan 为 55。

表 4.7 给出了粒子 a 对应的调度时间表,其中,包括每道工序的加工开始和结束时间。图 4.8 给出了由上述粒子经活动调度解码得到的 Gantt 图。

表 4.7   FT6×6 标准问题的一个优化解

工件	机器 1		机器 2		机器 3		机器 4		机器 5		机器 6	
	开始	结束	开始	结束	开始	结束	开始	结束	开始	结束	开始	结束
1	6	9	16	22	5	6	30	37	49	55	42	45
2	38	48	0	8	8	13	48	52	13	23	28	28
3	18	27	27	28	0	5	5	9	30	37	9	17
4	13	18	8	13	22	27	27	30	37	45	45	54
5	48	51	22	25	13	22	52	53	25	30	38	42
6	28	38	13	16	49	50	16	19	45	49	19	28

定义第 i 个机器的利用率为

$$U_i = \frac{P_i}{I_i + P_i} \times 100\%$$

其中,P_i 为机器 i 的整个加工时间(不包括其中的空闲时间),I_i 为机器 i 上的最后

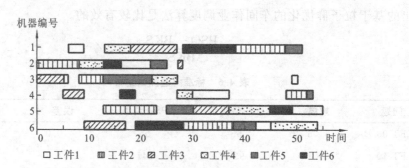

图 4.8　活动调度 Gantt 图

一个工序被调整前。机器 i 的整个空闲时间。图 4.9 显示了各个机器的利用率。

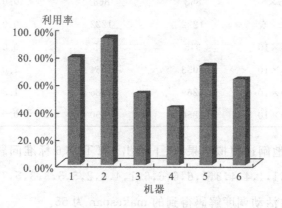

图 4.9　机器利用率

第5章 人工鱼群优化算法

人工鱼群算法是李晓磊博士在他的学位论文中提出的一种基于模拟鱼群行为的随机搜索优化算法。人工鱼群算法模仿实际鱼的运动、聚集等行为构造人工鱼，通过觅食、聚群及追尾行为改变自身的位置，经过一段时间的移动各人工鱼在各极值处聚集，通过各人工鱼局部寻优找到全局最优值。本章首先从介绍人工鱼群算法的基本原理、数学模型、算法流程开始，然后进行函数优化测试，再指出基本人工鱼群算法的不足，继而提出对该算法的几点改进，最后应用人工鱼群算法求解旅行商问题。

5.1 基本人工鱼群优化算法

5.1.1 基本思想

鱼类与人类的关系相当密切，也较为人类所熟知，研究者通过对鱼类生活习性的观察，发现鱼类有以下几种典型行为：

(1)觅食行为：是指鱼通过味觉、视觉来判断食物的位置和浓度，从而接近食物的行为。一般情况下，鱼在水中随机的自由游动，当发现食物时，则会向着食物逐渐增多的方向快速游去。

(2)聚群行为：这是鱼类较常见的一种现象，大量或少量的鱼都能聚集成群，这是鱼类在进化过程中形成的一种生存方式，可以进行集体觅食和躲避敌害。鱼聚群时所遵守的规则有三条：

①分隔规则：尽量避免与临近伙伴过于拥挤；

②对准规则：尽量与临近伙伴的平均方向一致；

③内聚规则：尽量向临近伙伴的中心移动。

(3)追尾行为：是当某一条鱼或几条鱼发现食物时，它们附近的鱼会尾随其后快速游过来，进而导致更远处的鱼也尾随过来。

(4)随机行为：指在未找到食物之前，各条鱼在水中悠闲的自由游动，基本上是随机的,从而加大了找到食物的可能性。随机行为实际上是觅食行为的一种缺省。

　　每条人工鱼通过对环境的感知,在每次移动中经过尝试后,执行其中的一种行为,这些行为在不同时刻会相互转换,而这种转换通常是鱼通过对环境的感知来自主实现的,这些行为与鱼的觅食和生存都有着密切的关系。人工鱼群算法就是利用这几种典型行为从构造单条鱼底层行为做起,通过鱼群中各个体的局部寻优达到全局最优值在群体中突现出来的目的。算法的进行就是人工鱼个体的自适应活动过程,整个过程包括觅食、聚群以及追尾三种行为,最优解将在该过程中突现出来。其中觅食行为是人工鱼根据当前自身的适应值随机游动的行为,是一种个体极值寻优过程,属于自学习的过程;而聚群和追尾行为则是人工鱼与周围环境交互的过程。这两种过程是在保证不与伙伴过于拥挤,且与临近伙伴的平均移动方向一致的情况下向群体极值(中心)移动。由此可见,人工鱼群算法也是一类基于群体智能的优化方法。人工鱼整个寻优过程中充分利用自身信息和环境信息来调整自身的搜索方向,从而最终搜索达到食物浓度最高的地方,即全局极植。

5.1.2　数学模型

　　在人工鱼群算法中,每个备选解被称为一条"人工鱼",多条人工鱼共存,合作寻优(类似鱼群寻找食物)。假设在一个 D 维的目标搜索空间中,有 N 条组成一个群体的人工鱼,其中第 i 条人工鱼状态由向量 $X_i = (x_{i1}, x_{i2}, \cdots, x_{iD})$ 表示,其中 $i = 1, 2, \cdots, N$。人工鱼当前所在位置的食物浓度(目标函数适应值)表示为 $Y = f(X)$,其中人工鱼个体状态为拟寻优变量,即每条人工鱼状态就是一个潜在的解,将 X_i 带入适应值函数就可以计算出其适应值 Y_i,根据适应值 Y_i 的大小衡量 X_i 的优劣(由于求解极小问题和极大问题可以互相转换,因此以下讨论的最优化仅指最小化),两条人工鱼 X_i 与 X_j 之间的距离用 $d_{ij} = ||X_i - X_j||$ 表示。δ 表示拥挤度因子,代表某个位置附近的拥挤程度,以避免与临近伙伴过于拥挤。Visual 表示人工鱼的感知范围,人工鱼每次移动都要观测感知范围内的其他鱼的运动情况及其适应值,从而决定自己的运动方向。当感知范围 Visual 较大时可以观测得更全面,但相应的需要判断的其他鱼数目也就越多,从而计算量也就越大,实际计算时应根据具体问题适当设置该值。Step 表示人工鱼每次移动的最大步长,为了防止运动速度过快而错过最优解,步长不能设置得过大,当然,太小的步长也不利于

算法的收敛。trynumber 表示人工鱼在觅食过程中最大的试探次数。

人工鱼群算法首先初始化为一群人工鱼（随机解），然后通过迭代搜寻最优解，在每次迭代过程中，人工鱼通过觅食、聚群及追尾等行为来更新自己，从而实现寻优。也就是说算法的进行是人工鱼个体的自适应行为活动，即每条人工鱼根据周围的情况进行游动，人工鱼的每次游动就是算法的一次迭代。算法的数学表达形式如下：

（1）觅食行为

觅食行为是鱼循着食物多的方向游动的一种行为。设第 i 条人工鱼的当前状态为 X_i，适应值为 Y_i，执行式(5.1)。在其感知范围内随机选择一个状态 X_j，根据适应值函数计算该状态的适应值 Y_j，如果 $Y_j > Y_i$，则向该方向前进一步，执行式(5.2)，使得 X_i 到达一个新的较好状态 X_{inext}；否则，执行式(5.1)，继续在其感知范围内重新随机选择状态 X_j，判断是否满足前进条件，如果不能满足，则重复该过程，直到满足前进条件或试探次数达到预设的最大的试探次数 trynumber。当人工鱼试探次数达到预设的最大试探次数 trynumber 后仍不能满足前进条件时，则执行式(5.3)，在感知范围内随机移动一步，即执行随机行为使得 X_i 到达一个新的状态 X_{inext}。

$$X_j = X_i + \text{Random(Step)} \cdot \text{Visual} \tag{5.1}$$

$$X_{inext} = X_i + \text{Random(Step)} \cdot \frac{X_j - X_i}{\| X_j - X_i \|} \tag{5.2}$$

$$X_{inext} = X_i + \text{Random(Step)} \tag{5.3}$$

（2）聚群行为

聚群行为是每条鱼在游动过程中尽量向临近伙伴的中心移动并避免过分拥挤。设第 i 条人工鱼的当前状态为 X_i，适应值为 Y_i，以自身位置为中心其感知范围内的人工鱼数目为 n_f，这些人工鱼形成集合 S_i，是

$$S_i = \{X_i \mid \| X_j - X_i \| \leqslant \text{Visual}, j = 1,2,\cdots,i-1,i+1,\cdots,N\} \tag{5.4}$$

若集合 $S_i \neq \varnothing$（$\varnothing$ 为空集），表明第 i 条人工鱼 X_i 的感知范围内存在其他伙伴，即 $n_f \geqslant 1$，则按式(5.5)计算该集合的中心位置 X_c。

$$X_c = \sum X_j / n_f \tag{5.5}$$

计算该中心位置的适应值 Y_c，如果满足式(5.6)

$$Y_c > Y_i \text{ 且 } n_f/N < \delta \tag{5.6}$$

表明该中心位置状态较优并且不太拥挤，则执行式(5.7)朝该中心位置方向前进

一步,否则执行觅食行为。

$$X_{\text{inext}} = X_i + \text{Random}(\text{Step}) \cdot \frac{X_c - X_i}{\| X_c - X_i \|} \tag{5.7}$$

（3）追尾行为

追尾行为是鱼向临近的最活跃者追踪的行为。设第 i 条人工鱼的当前状态为 X_i,适应值为 Y_i,人工鱼 X_i 根据自己当前状态搜索其感知范围内的所有伙伴中适应值最大的伙伴 $X_{\max}$,其适应值为 $Y_{\max}$。如果 $Y_{\max} < Y_i$,则执行觅食行为。否则,以 $X_{\max}$ 为中心搜索其感知范围内的人工鱼数目为 n_f,如果满足式（5.8）

$$Y_{\max} > Y_i \text{ 且 } n_f/N < \delta (0 < \delta < 1) \tag{5.8}$$

则表明该位置状态较优并且其周围不太拥挤,从而执行式（5.9）朝最小伙伴 $X_{\min}$ 的方向前进一步,否则执行觅食行为。

$$X_{\text{inext}} = X_i + \text{Random}(\text{Step}) \cdot \frac{X_{\min} - X_i}{\| X_{\min} - X_i \|} \tag{5.9}$$

式中,$\| X_{\min} - X_i \|$ 为 $X_{\min}$ 与 X_i 之间的距离。若第 i 条人工鱼 X_i 的感知范围内不存在其他伙伴,也执行觅食行为。

（4）行为选择

根据所要解决的问题性质,对人工鱼当前所处的环境进行评价,从上述各行为中选取一种合适的行为。常用的方法有两种:

①先进行追尾行为,如果没有进步则进行聚群行为,如果依然没有进步则进行觅食行为。也就是选择较优行为前进,即任选一种行为,只要能向优的方向前进即可。

②试探执行各种行为,选择各行为中使得向最优方向前进最快的行为,即模拟执行聚群、追尾等行为,然后选择行动后状态较优的动作来实际执行,缺省的行为方式为觅食行为。也就是选择各行为中使得人工鱼的下一个状态最优的行为,如果没有能使下一状态优于当前状态的行为,则采取随机行为。对于这种方法,同样的迭代步数下,寻优效果会好一些,但计算量也会加大。

（5）设立公告板

在人工鱼群算法中,设置一个公告板,用以记录当前搜索到的最优人工鱼状态及对应的适应值,各条人工鱼在每次行动后,将自身当前状态的适应值与公告板进行比较,如果优于公告板,则用自身状态及其适应值取代公告板中的相应值,以使公告板能够记录搜索到的最优状态及该状态的适应值。即算法结束时,最终公告板的值就是系统的最优解。

人工鱼群算法通过这些行为的选择形成了一种高效的寻优策略,最终,人工鱼集结在几个局部极值的周围,且值较优的极值区域周围一般能集结较多的人工鱼。

5.1.3　算法流程

人工鱼群优化算法的基本流程如图 5.1 所示。

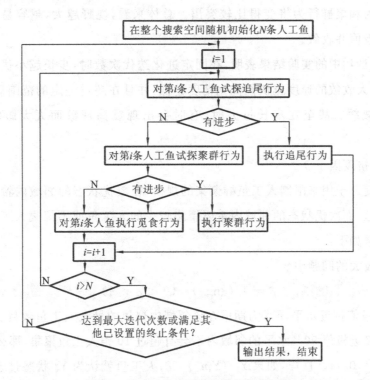

图 5.1　基本人工鱼群优化算法流程框图

综上所述,人工鱼群算法采用了自下而上的设计思路,从实现人工鱼的个体行为出发,在个体自主的行为过程中,随着群体效应的逐步形成,而使得最终结果突现出来;算法中仅使用了目标问题的适应值,对搜索空间有一定的自适应能力。多条人工鱼个体并行的进行搜索,具有较高的寻优效率;随着工作状况或其他因素的变更造成极值点的漂移,本算法具有较快跟踪变化的能力。

5.1.4　参数选择

算法的实施过程与其所采用的参数取值有较大关系,如果能对 AFSA 参数选取规律有一个定性认识,必将对不同的问题域的参数选取有很大的帮助。

（1）视野 Visual 和步长 Step

由于每次巡视的视点都是随机的，所以不能保证每一次觅食行为都是向着更优的方向前进，这在一定程度上减缓了收敛的速度，但是从另一个方面看，这又有助于人工鱼摆脱局部极值的诱惑，从而去寻找全局极值。由于视野对算法中各行为都有较大的影响，因此，视野的变化对收敛性能的影响也是比较复杂的。当视野范围较小时，人工鱼的觅食行为和随机游动比较突出；视野范围较大时，人工鱼的追尾行为和聚群行为将变得比较突出。总体来看，视野越大，越容易使人工鱼发现全局极值并收敛。

文献[124]中的实验结果表明，在固定进化迭代次数时，步长越小优化精度越高，步长越大收敛的速度越快但优化精度越低，并且在超过一定的范围后，又使得收敛速度减缓。甚至在步长过大时，有时会出现震荡现象而大大影响收敛的速度。

（2）拥挤度因子 δ

拥挤度因子用来限制人工鱼群聚集的规模，在较优状态的邻域内希望聚集较多的人工鱼，而次优状态的邻域内希望聚集较少的人工鱼或不聚集人工鱼。其选取规则通常如下：

在求极大的问题中

$$\delta = 1/(\alpha n_{\max}) \quad (0 < \alpha < 1) \tag{5.10}$$

式中，α 为极值接近水平，$n_{\max}$ 为期望在该邻域内聚集的最大人工鱼数目。例如，如果希望在接近极值 90% 水平的邻域内不会有超过 10 条人工鱼聚集，那么取 $\delta = 1/(0.9 \times 10) \approx 0.11$。这样，如果 $Y_c/(Y_i n_f) < \delta$，人工鱼就认为 Y_c 状态过于拥挤，其中 Y_i 为人工鱼自身状态的值，Y_c 为人工鱼所感知的某状态的值，n_f 为周围伙伴的数目。

在求极小的问题中

$$\delta = \alpha n_{\max} \quad (0 < \alpha < 1) \tag{5.11}$$

式中，α 为极值接近水平，$n_{\max}$ 为期望在该邻域内聚集的最大人工鱼数目。例如，如果希望在接近极值 90% 水平的邻域内不会有超过 10 条人工鱼聚集，那么取 $\delta = 0.9 \times 10 = 9$。这样，如果 $Y_c n_f/Y_i > \delta$，人工鱼就认为 Y_c 状态过于拥挤，其中 Y_i 为人工鱼自身状态的值，Y_c 为人工鱼所感知的某状态的值，n_f 为周围伙伴的数目。

5.1.5　函数优化测试

为测试人工鱼群算法的优化性能，选取了三个测试函数，如表 5.1 所示。表

5.1 中三个函数都是多模态函数。其中 F1 有八个局部极大值和一个全局最大值，F2 有包含四个全局峰值在内的共计 36 个峰值，F3 仅有一个全局最优解并且被四个局部最优解包围。本节将人工鱼群算法的测试结果和标准遗传算法、标准蚁群算法和标准粒子群算法的结果进行比较。各算法的参数设置如表 5.2 所示。对每个测试函数，算法独立运行 10 次。当寻找到最优理论解或者达到最大迭代次数时，算法停止。试验结果如表 5.3 所示。

表 5.1　测试函数

名称	函　　数	搜　索　域
F1	$x+10\sin(5x)+7\cos(4x)$	$x\in[0,9]$
F2	$1+x\sin(4\pi x)-y\sin(4\pi y+\pi)$	$x,y\in[-1,1]$
F3	$(3/(0.05+x^2+y^2))^2+(x^2+y^2)^2$	$x,y\in[-5.12,5.12]$

表 5.2　参数设置

GA	ACO	PSO	AFSA
$NP=100$	$N=50$	$N=50$	$N=50, N_c=200$
$NG=50$	$N_c=50$	$N_c=50$	$visual=2.5$
$P_c=0.6$	$P=0.7$	$c_1=0.12$	$trynumber=50$
$P_m=0.03$	$\rho=0.2$	$c_2=0.012$	$\delta=0.618,$
			$step=0.3$

表 5.3　试验结果比较

Test function	Algorithm	Meantime(s)	Find optimal solution(times)	Standarddeviation
F1	GA	0.0591	5	3.762565
	ACO	0.1703	2	3.165209
	PSO	0.0420	10	0.349 E-03
	AFSA	0.9763	10	8.96E-06
F2	GA	0.0878	9	1.209 E-03
	ACO	0.1171	10	6.74E-05
	PSO	0.0217	6	0.012642
	AFSA	3.6472	10	4.93E-05
F3	GA	1.5835	8	0.190E+03
	ACO	0.6011	10	0
	PSO	1.4285	0	0.779E+03
	AFSA	2.6653	10	0

为了更直观的展示 AFSA 算法的优点,特意选取三个测试函数的随机运行结果如图 5.2 至图 5.4 所示。

从图表上来看,与 GA、ACO 和 PSO 算法相比较,AFSA 算法无论在一维优化问题还是在高维优化问题上都是最佳的,AFSA 算法在每个测试函数的 10 次独立运行中总能找到最优解,在全局寻优中,AFSA 比 GA、ACO 和 PSO 更精确,但同时 AFSA 也是耗时最久、效率最低的。

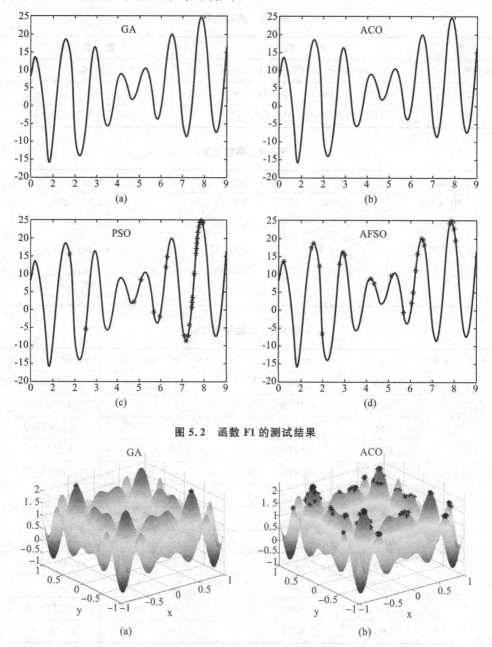

图 5.2   函数 F1 的测试结果

图 5.3   函数 F2 的测试结果

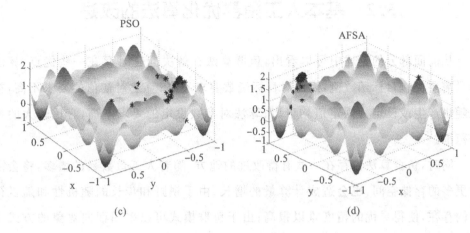

续图 5.3

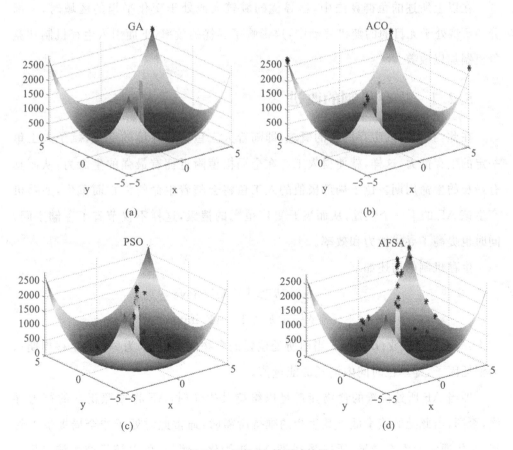

图 5.4   函数 F3 的测试结果

5.2　基本人工鱼群优化算法的改进

从前面部分的论述中可以看出,鱼群算法在解决问题时存在一些优点:算法中只需要比较目标函数值,因此对目标函数要求不高;算法对初值的要求不高,初值随机产生或设定为固定值均可以;算法对参数设定的要求不高,有比较大的容许范围。

同时,鱼群算法也存在一些有待改进的地方:随着人工鱼数目的增多,将会需求更多的存储空间,也会造成计算量的增长;由于视野和步长的随机性和随机行为的存在,使得寻优的精度难以很高;由于鱼群模式可以采用面向对象的方式来实现,所以,对功能的扩展和改造有着良好的基础。

在以上所述的鱼群算法中,当寻优的域较大或处于变化平坦的区域时,一部分 AF 将处于无目的的随机移动中,这影响了寻优的效率,下面引入生存机制和竞争机制加以改善。

5.2.1　生存机制的改进

在此,我们引入生存周期的概念,即随着人工鱼所处环境的变化,赋予人工鱼一定的生存能力,这样,就使得人工鱼在全局极值附近拥有最强的生命力,从而具有最长的生命周期。位于局部极值的人工鱼将会随着生命的消亡而重生,如随机产生该 AF 的下一个位置,从而展开更广范围的搜索,这样不仅节省了存储空间,同时也提高了寻优能力和效率。

生存机制的描述如下

$$h = \frac{E}{\lambda T}; \begin{cases} h \geqslant 1 & \text{AF\_move} \\ h < 1 & \text{AF\_init} \end{cases} \tag{5.12}$$

式中:h 为生存指数;E 为 AF 当前所处位置的食物能量值;T 为 AF 的生存周期;λ 为消耗因子,即单位时间内消耗的能量值。

即当 AF 所处位置的食物能量足以维持其生命时,AF 将按照正常的行为寻优,否则,当此处的能量低于其生命的维持所需时,通常此时处于非全局极值点附近,寻优通常会没有结果,所以强制该 AF 初始化。例如,可以随机产生该 AF 的位置,使其跳出该区域,这样就相当于利用相同的存储空间增加了寻优 AF 的个数,从而提高了算法的效率。

5.2.2   竞争机制的改进

竞争机制就是实时的调整 AF 的生存周期,其描述如下

$$T = \varepsilon \frac{E_{\max}}{\lambda} \tag{5.13}$$

式中:$E_{\max}$ 为当前所有的 AF 中所处位置的食物能量的最大值;ε 为比例系数。即随着寻优的逐步进展,AF 的生存周期将被其中最强的竞争者所提升,从而使得那些处于非全局极值点附近的 AF 能有机会展开更广范围的搜索。

5.2.3   视野的改进

在鱼群模式所讨论的视野概念中,由于视点的选择是随机的,移动的步长也是随机的,这样,虽然能在一定程度上扩大寻优的范围,尽可能保证寻优的全局性,但是,会使得算法的收敛速度减慢,有大量的计算时间浪费在随机的移动之中。

下面引入一种自适应步长的方式:

对于人工鱼当前状态 $X = (x_1, x_2, \cdots, x_n)$ 和所探索的下一个状态 $X_v = (x_1^v, x_2^v, \cdots, x_n^v)$,其表示如下:

$$x_i^v = x_i + \text{Visual} \cdot \text{Rand}(), i = \text{Rand}(n) \tag{5.14}$$

$$X_{\text{next}} = \frac{X_v - X}{\parallel X_v - X \parallel} \cdot \left| 1 - \frac{Y_v}{Y} \right| \cdot \text{Step} \quad (求解极小问题) \tag{5.15}$$

或

$$X_{\text{next}} = \frac{X_v - X}{\parallel X_v - X \parallel} \cdot \left| 1 - \frac{Y}{Y_v} \right| \cdot \text{Step} \quad (求解极大问题) \tag{5.16}$$

式中,Rand 函数为产生 0 到 1 之间的随机数,Step 为移动步长,Y_v 为状态 X_v 的目标函数值,Y 为 X 状态的目标函数值。即本次移动步长的大小取决于当前所在的状态和视野中视点感知的状态。

5.2.4   与变异算子、模拟退火算法的混合

在研究探讨大规模、复杂工程优化问题时,单纯依靠改进算法的某些参数或指标已经变得有些力不从心,如果将成熟的算法进行良好的融合,利用它们的优势互补共同来解决问题其实不失为一个好的选择。带变异算子的鱼群算法由于视野、步长的随机性和随机行为存在,最优解的精度往往难以很高;而模拟退火算法具有质量高、初值鲁棒性强、局部搜索能力强等优点。因此我们将带变异算子

的鱼群算法和模拟退火算法相结合,在合适的时候将它们互相切换,使各算法之间的优势互补,找到了较好的 AFSA。

首先通过带变异算子的 AFSA 全局搜索,在解空间搜索最优解;再利用退火方法局部搜索,对最优解状态的人工鱼个体进行"精细搜索"局部优化,最终得到最佳的近似精确极值。基于变异算子与 SA 混合的 AFSA 的基本流程图如图 5.5 所示,算法整体步骤如下:

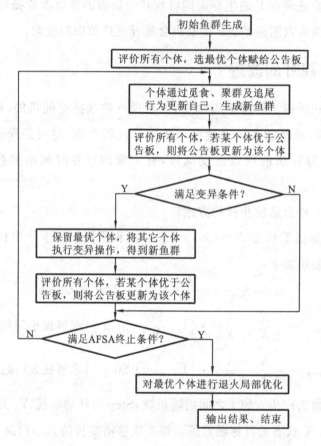

图 5.5　算法流程图

(1)初始化:设定人工鱼群的群体规模 N,最大迭代次数 Maxnumber,人工鱼的维数 D,人工鱼的可视域 Visual,人工鱼的最大移动步长 Step,拥挤度因子 δ,人工鱼每次移动时最大的试探次数 trynumber,变异概率 pm,公告板最优值连续不变化次数的最大阈值 Maxbest,退火初始温度 t_0,温度冷却系数 c,退火最大迭代次数 K_{max} 等参数。

(2)全局搜索得到最优解:用带变异算子的 AFSA 产生满意的最优解域或较优解域。

（3）对满意最优解域进行局部优化：用退火局部优化算法，对解进一步局部优化，产生高精度最终解。

5.3 人工鱼群优化算法的应用

5.3.1 应用综述

AFSA 提出至今已有 10 年，得到了广泛关注，并且在 AFSA 基础上出现了一些改进的 AFSA 和应用。

（1）改进的人工鱼群算法

AFSA 的主要特点是不需要了解问题的特殊信息、只需要对问题进行优劣的比较、简单易于实现；其缺点是易陷入无目的的随机移动中，且搜索精度不高。文献[125]、[126]中提出在 AFSA 中引入鱼群的生存机制、竞争机制以及鱼群的协调行为，可以提高算法的优化效率。

（2）基于人工鱼群算法的神经网络训练

文献[131]中把 AFSA 用于三层前向神经网络的训练过程，建立了相应的优化模型，并与加动量项的 BP 算法、演化算法以及模拟退火算法进行比较，结果表明 AFSA 具有较快的收敛速度，能够达到较小的均方误差值，是一种很有潜力的神经网络训练算法。

（3）基于人工鱼群算法的系统辨识参数估计方法

文献[129]中提出了一种基于人工鱼群算法的全局搜索参数估计算法，并将其用于一混合系统的在线辨识。该算法很好地解决了最小二乘算法难以处理的时滞在线辨识问题，克服了最小二乘算法存在局部优化的缺点，具有良好的跟踪性能和实时性。该算法为系统辨识和基于辨识的控制系统分析与设计提供了新途径。

（4）基于人工鱼群算法的鲁棒 PID 控制器参数整定

鉴于极小—极大问题的特殊性和优化目标函数的复杂性，常规方法与遗传算法等优化方法通常不能有效的求解，均需有待进一步的改进。文献[130]中提出了基于人工鱼群算法的鲁棒 PID 控制器参数整定方法，并对典型问题进行了仿真研究。结果表明，AFSA 能够快速对鲁棒 PID 的参数进行整定，整定后的 PID 控制器具有良好的控制效果，实现了鲁棒性更佳的鲁棒 PID 控制器。AFSA 应用于鲁棒 PID 控制器参数整定是一种合适的选择。

(5)基于人工鱼群算法的组合优化

AFSA 能够较好地解决非线性函数优化等问题,但对离散问题却无能为力。文献[128]中提出了一种解决组合优化问题的离散型 AFSA,并将其应用于旅行商问题(TSP)的求解,取得了较好的结果。离散 AFSA 扩展了人工鱼群算法的应用领域,让人们看到了 AFSA 在一类组合优化问题中的应用前景。

(6)基于人工鱼群算法的电力系统短期负荷预测

文献[133]中依据 AFSA 的神经网络,提出了一种短期负荷预测的新方法。该方法通过对负荷历史数据的前期特征、影响负荷因素进行识别,形成数据中心,建立类别变量特征值与预测对象之间的相关关系,应用这种确定的相关关系进行负荷预测,使网络收敛速度更快、预测精度进一步提高。实践表明:该方法具有预测精度高、误差小的优点,是值得广泛推广的好方法。

5.3.2　求解 TSP 的人工鱼群算法

1. 求解 TSP 问题的人工鱼群算法步骤

求解 TSP 问题的人工鱼群算法实现的具体步骤如下:

Step1 产生初始化种群:定义最大迭代次数 num,拥挤度因子 δ,视野范围 visual,试探次数 trynumber,并在可行域内随机生成 N 条人工鱼,形成初始鱼群。

Step2 计算初始鱼群各人工鱼当前状态的值,比较其大小,最小值进入公告板,并且把对应的人工鱼状态赋值给公告板。

Step3 按照人工鱼群算法的行为准则,进行追尾行为和聚群行为,缺省行为为觅食行为。如果进行了追尾行为和聚群行为后,最好值还是没有变化就进行随机行为。

Step4 各人工鱼进行行为选择后,检查自身的值与公告板的值,如果优于公告板,则以自身取代,同时更新公告板上的人工鱼状态。

Step5 判断是否满足终止条件,若不满足终止条件则转到 Step3 执行,进行下一步鱼群优化过程,否则转到 Step6 执行。

Step6 算法终止,输出公告板上的最优解人工鱼群状态值。

2. 算例及仿真研究

算法的参数取为最大试探次数为 100,人工鱼个数为 10,最大迭代次数取100,拥挤度因子 0.8,感知范围为 10,采用 Matlab7.0 为编程工具,实验环境为

Intel(R)Core(TM)i3,2.13GHz CPU,2GB 内存,Windows 7 操作系统。为了便于比较,这项研究将人工鱼群算法与标准粒子群算法和基本遗传算法分别连续进行30 次实验,对其结果进行比较分析。这项研究使用 TSP 问题中的标准测试算例 TSPLIB 库中的 Oliver30(30 个城市),Oliver30 算例的目前已知最优解为 423.7406。通过仿真实验对其结果进行比较分析,仿真结果如表 5.4 所示。

标准粒子群算法中粒子数为 100,惯性权重 w 从 1.4 线性递减到 0.5,加速常数 $c_1 = c_2 = 1.2$,最大迭代次数为 1000。遗传算法中,最大代数为 1000,种群为 100,交叉概率为 0.8,变异概率为 0.05,实验结果如表 5.4 所示,人工鱼群算法得到的最优路径如图 5.6 所示,寻优曲线如图 5.7 所示。算例 Oliver30 如下:

City[30]={{41,94},{37,84},{54,67},{25,62},{7,64},{2,99},{68,58},{71,44},{54,62},{83,69},{64,60},{18,54},{22,60},{83,46},{91,38},{25,38},{24,42},{58,69},{71,71},{74,78},{87,76},{18,40},{13,40},{82,7},{62,32},{58,35},{45,21},{41,26},{44,35},{4,50}}

表 5.4   几种智能算法试验结果比较

算法	平均值	最好值	最差值
人工鱼群算法	424.1245	423.7406	425.6024
标准粒子群算法	450.2314	425.5416	480.1452
基本遗传算法	430.5285	427.6918	437.4521

由表 5.4 中的实验结果可知,人工鱼群算法得到的最优解为 423.7406,与当前已知的 Oliver30 问题的最优解一致。标准粒子群算法的最优解为 425.5416,遗传算法的最优解为 424.6918,都没有收敛到当前最优解。根据图 5.6 可知,人工鱼群算法求得的最优路径也与已知的最好解对应的路径是一致的。

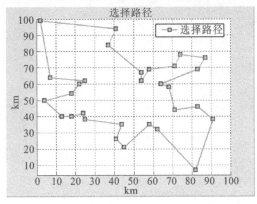

图 5.6   Oliver30 问题最优路径

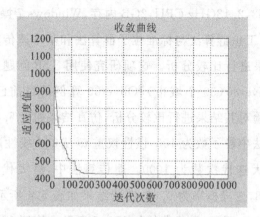

图 5.7　Oliver30 问题寻优曲线

第6章　细菌觅食优化算法

细菌觅食优化(BFO)算法是继遗传算法、蚁群优化算法、粒子群优化算法、人工鱼群算法以来新提出的智能优化算法。该算法具有对初值和参数选择不敏感、鲁棒性强、简单易于实现,以及并行处理和全局搜索等优点。

由于该算法从提出到现在才十来年,对 BFO 算法的研究尚处于起步阶段,BFO 的应用还不够深入且它在应用过程中也存在精度不够高、收敛速度不够快的缺点,尤其是在多峰问题寻优时难以找到全部最优解。因此,分析、研究和改进 BFO 算法以及拓展、深入其应用,对生产、生活中各个领域的优化问题求解都具有十分重要的意义。为此,本章着重从 BFO 算法的改进和应用方面进行了研究。

6.1　基本细菌觅食优化算法

6.1.1　大肠杆菌的觅食行为

大肠杆菌是目前研究比较透彻的微生物之一,细菌的表面遍布着纤毛和鞭毛。纤毛是一些用来传递细菌之间某种基因的能运动的突起状细胞器,而鞭毛是一些用来帮助细胞移动的细长而弯曲的丝状物。另外,大肠杆菌自身有一个控制系统指引细菌寻觅食物过程中的行为且保证细菌向着食物源的方向前进并及时地避开有毒的物质。例如,细菌会避开碱性和酸性的环境,向着中性的环境移动,并且在每一次状态的改变之后对效果进行评价,为下一次状态的调整提供决策信息。

大肠杆菌的移动全靠其表面上的所有鞭毛的同方向上的转动来实现。当鞭毛全部沿逆时针方向转动时,会给大肠杆菌一个推动力促使其快速向前游动;反之,当鞭毛全部沿顺时针方向转动时,会给大肠杆菌施加一个阻力使其原地旋转不再向前游动。如图 6.1 所示。

生物学研究表明,大肠杆菌的觅食行为主要包括以下四个步骤:

Step1 寻找可能存在食物源的区域;

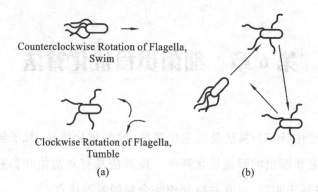

Counterclockwise Rotation of Flagella, Swim

Clockwise Rotation of Flagella, Tumble

(a)　　　　　　　　　　　　　(b)

图 6.1　大肠杆菌的移动

Step2 决定是否进入该区域,若进入,则进行下一步骤,若不进入,则返回上一步;

Step3 在所选定的区域中寻找食物源;

Step4 消耗掉一定量的食物后,决定是继续在该区域觅食还是迁移到一个更理想的区域。

通常在觅食的过程中对于当前的觅食区域存在下面两种情况:

第一种,大肠杆菌的当前觅食区域营养匮乏。根据其在觅食搜索过程中获得的经验,可以得出在其他区域可能有更丰富的食物源的判断。那么,大肠杆菌将凭借这个判断,适当改变运动方向,朝着其认为有丰富食物的方向开始前进。

第二种,大肠杆菌的当前觅食区域营养丰盛。在大肠杆菌停留了一段时间之后,该区域内的食物已被其消耗殆尽,造成营养匮乏,迫使其不得不离开当前区域去寻找另一个可能有更丰富食物的区域。

总的来说,大肠杆菌所移动的每一步都是在其自身生理和周围环境的约束下,尽量使其在单位时间内所获得的能量达到最大。细菌觅食算法正是分析和利用了大肠杆菌的这一觅食过程而提出的一种仿生随机搜索算法。

6.1.2　基本原理

假定要求 $J(\theta)$ 的最小值,其中 $\theta \in \mathcal{R}^p$,且梯度 $\nabla J(\theta)$ 无法测量也不能仅分析描述。为了求解无梯度优化问题,BFO 算法模拟了真实的细菌系统中的四个主要操作:趋向、聚集、复制和迁徙。实际上,每个真实的细菌可以看成是优化问题的一个为寻找最优解而移动在函数曲面上的测试解,如图 6.2 所示。

为了模拟实际细菌的行为,首先引入以下记号:j 表示趋向性操作,k 表示复制操作,l 表示迁徙操作。此外,令:

p:搜索空间的维数,

S:细菌种群大小;

N_c:细菌进行趋向性行为的次数;

N_s:趋向性操作中在一个方向上前进的最大步数;

N_{re}:细菌进行复制性行为的次数;

N_{ed}:细菌进行迁徙性行为的次数;

P_{ed}:迁徙概率;

$C(i)$:向前游动的步长。

设 $P(j,k,l)=\{\theta^i(j,k,l)\,|\,i=1,2,\cdots,S\}$ 表示种群中个体在第 j 次趋向性操作、第 k 次复制操作和第 l 次迁徙操作之后的位置,$J(i,j,k,l)$ 表示细菌 i 在第 j 次趋向性操作、第 k 次复制操作和第 l 次迁徙操作之后的适应值函数值。

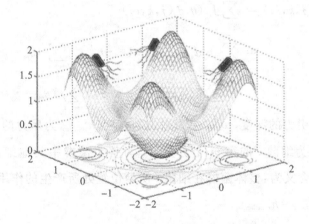

图 6.2   位于多模态目标函数曲面上的细菌群

1. 趋向性操作(Chemotaxis)

大肠杆菌在整个觅食过程中有两个基本运动:游动(swim)和旋转(tumble)。游动是沿与上一步相同的方向运动,而旋转是找一个新的方向运动。细菌的趋向性操作就是对这两种基本动作的模拟。通常,细菌在环境差的区域(如食物匮乏区域)会较频繁地旋转,而在环境好的区域(如食物丰富的区域)会较多地游动。其操作方式如下:朝某随机方向游动一步;如果该方向上的适应值不再优于上一步所处位置的适应值,则进行旋转,朝另外一个随机方向游动;如果达到最大尝试次数,则停止该细菌的趋向性操作,跳转到下一个细菌执行趋向性操作。大肠杆菌的整个生命周期一直在游动和旋转这两个基本运动中进行变换,游动和旋转的目的是寻找食物。在 BFO 算法中模拟这种现象称为趋向性操作。

细菌 i 的每一步趋向性操作表示如下

$$\theta^i(j+1,k,l) = \theta^i(j,k,l) + C(i)\frac{\Delta(i)}{\sqrt{\Delta^{\mathrm{T}}(i)\Delta(i)}} \tag{6.1}$$

其中 Δ 表示随机方向上的一个单位向量。

2. 聚集性操作（Swarming）

在菌群寻觅食物的过程中，细菌个体通过相互之间的作用来达到聚集行为。细胞与细胞之间既有引力又有斥力。引力使细菌聚集在一起，甚至出现"抱团"现象。斥力使每个细胞都有一定的位置，令其能在该位置上获取能量，来维持生存。在 BFO 算法中模拟这种行为称为聚集性操作。细菌间聚集行为的数学表达式为

$$\begin{aligned} J_{cc}(\theta, P(j,k,l)) &= \sum_{i=1}^{S} J_{cc}(\theta, \theta^i(j,k,l)) \\ &= \sum_{i=1}^{S} -d_{\text{attractan}\,t}\exp\left(-w_{\text{attractan}\,t}\sum_{m=1}^{p}(\theta_m-\theta_m^i)^2\right) \\ &\quad + \sum_{i=1}^{S} h_{\text{repellant}}\exp\left(-w_{\text{repellant}}\sum_{m=1}^{p}(\theta_m-\theta_m^i)^2\right) \end{aligned} \tag{6.2}$$

其中，$d_{\text{attractan}\,t}$ 为引力的深度，$w_{\text{attractan}\,t}$ 为引力的宽度，$h_{\text{repellant}}$ 为斥力的高度，$w_{\text{repellant}}$ 为斥力的宽度，θ_m^i 为细菌 i 的第 m 个分量，θ_m 为整个菌群中其他细菌的第 m 个分量。式（6.2）的含义为：整体菌群在细菌 i 所处位置处所产生的作用力之和。一般情况下，取 $d_{\text{attractan}\,t} = h_{\text{repellant}}$。

由于 $J_{cc}(\theta, P(j,k,l))$ 表示种群细菌之间传递信号的影响值，所以在趋向性循环中引入聚集操作后，第 i 个细菌的适应值的计算公式变为

$$J(i,j+1,k,l) = J(i,j,k,l) + J_{cc}(\theta^i(j+1,k,l), P(j+1,k,l)) \tag{6.3}$$

从而，聚集操作通过式（6.3）来对适应值进行修正，使得细菌达到聚集的目的。

3. 复制性操作（Reproduction）

生物进化过程一直是优胜劣汰。经过一段时间的觅食过程后，部分觅食能力弱的细菌会被自然淘汰，而为了维持种群规模不变，剩余的寻找食物能力强的细菌会进行繁殖。在 BFO 算法中模拟这种现象称为复制性操作。

对给定的 k,l 以及每个 $i=1,2,\cdots,S$，定义

$$J_{\text{health}}^i = \sum_{j=1}^{N_c+1} J(i,j,k,l) \tag{6.4}$$

为细菌 i 的健康度函数（或能量函数），以此来衡量细菌所获得的能量。J_{health}^i 越大，

表示细菌 i 越健康,其觅食能力越强。将细菌能量 J_{health} 按从小到大的顺序排列,淘汰掉前 $S_r=S/2$ 个能量值较小的细菌,选择后 S_r 个能量值较大的细菌进行复制,使其各自生成一个与自己完全相同的新个体,即生成的新个体所处的位置与原个体相同,或者说新旧个体具有相同的觅食能力。

4.迁徙性操作(Elimination and dispersal)

实际环境中的细菌个体所生活的局部区域可能会突然发生变化(如温度突然升高等)或者逐渐变化(如食物的消耗)。这样可能会导致生活在这个局部区域的细菌种群集体被外力杀死或者被迁徙到新的区域中去。在 BFO 算法中模拟这种现象称为迁徙性操作。

迁徙操作虽然破坏了细菌的趋向性过程,但是细菌也可能会因此寻找到食物更加丰富的区域。所以从长远来看,这种迁徙操作是有利于菌群觅食的。为模拟这一事件,在算法中菌群经过若干代复制后,细菌以给定概率 P_{ed} 执行迁徙操作,被随机重新分配到寻优区间。即:若种群中的某个细菌个体满足迁徙发生的概率,则这个细菌个体灭亡,并随机的在解空间的任意位置生成一个新个体,新个体与原个体可能具有不同的位置,即不同的觅食能力。迁徙行为随机生成的这个新个体可能更靠近全局最优解,从而更有利于趋向性操作跳出局部最优解,进而寻找全局最优解。

6.1.3　主要步骤与流程

细菌觅食优化算法主要计算步骤如下:

Step1 初始化参数 $p,S,N_c,N_s,N_{re},N_{ed},P_{ed},C(i)(i=1,2,\cdots,S),\theta^i$。

Step2 迁徙操作循环:$l=l+1$。

Step3 复制操作循环:$k=k+1$。

Step4 趋向操作循环:$j=j+1$:

(1)令细菌 i 如下趋向一步,$i=1,2,\cdots,S$;

(2)计算适应值函数 $J(i,j,k,l)$;

令　　　　$J(i,j,k,l)=J(i,j,k,l)+J_{cc}(\theta^i(j,k,l),P(j,k,l))$

(即增加细胞间斥引力来模拟聚集行为,其中 J_{cc} 由式(6.2)定义)

(3)令 $J_{last}=J(i,j,k,l)$,存储为细菌 i 目前最好的适应值;

(4)旋转:生成一个随机向量 $\Delta(i)\in\Re^p$,其每一个元素 $\Delta_m(i),(m=1,2,\cdots,p)$ 都是分布在 $[-1,1]$ 上的随机数;

（5）移动：令

$$\theta^i(j+1,k,l)=\theta^i(j,k,l)+C(i)\frac{\Delta(i)}{\sqrt{\Delta^T(i)\Delta(i)}}$$

细菌 i 沿旋转后随机产生的方向游动一步长大小 $C(i)$；

（6）计算 $J(i,j+1,k,l)$，且令

$$J(i,j+1,k,l)=J(i,j,k,l)+J_{cc}(\theta^i(j+1,k,l),P(j+1,k,l))$$

（7）游动：

①令 $m=0$；②若 $m<N_s$，令 $m=m+l$，若 $J(i,j+1,k,l)<J_{last}$，令 $J_{last}=J(i,j+1,k,l)$ 且

$$\theta^i(j+1,k,l)=\theta^i(j,k,l)+C(i)\frac{\Delta(i)}{\sqrt{\Delta^T(i)\Delta(i)}}$$

返回第 6)步，用此 $\theta^i(j+1,k,l)$ 计算新的 $J(i,j+1,k,l)$，否则，令 $m=N_s$。

（8）返回第（2）步，处理下一个细菌 $i+1$。

Step5　若 $j<N_c$，返回 Step4 进行趋向性操作。

Step6　复制：对给定的 k,l 以及每个 $i=1,2,\cdots,S$，将细菌能量值 J_{health} 按从小到大的顺序排列。淘汰掉前 $S_r=S/2$ 个能量值较小的细菌，选择后 S_r 个能量值较大的细菌进行复制，每个细菌分裂成两个完全相同的细菌。

Step7　若 $k<N_{re}$，返回 Step3。

Step8　迁徙：菌群经过若干代后，每个细菌以概率 P_{ed} 被重新随机分布到解空间中。若 $l<N_{ed}$，则返回 Step2，否则结束寻优。

具体流程图如图 6.3 所示。

6.1.4　参数选取

算法参数是影响算法性能和效率的关键，如何确定最佳参数使得算法性能最优本身就是一个极其复杂的优化问题。细菌觅食优化算法的参数较多，包括：种群大小 S，游动步长大小 C，种群细菌之间传递信号的影响值 J_{cc}^i 中的 4 个参数（$d_{attractant}$、$w_{attractant}$、$h_{repellant}$ 和 $w_{repellant}$），趋向、复制和迁徙操作的执行次数 N_c、N_{re}、N_{ed}，以及每次向前游动的最大步长数 N_s 和迁徙概率 p_{ed}。BFO 算法的优化能力和收敛速度与这些参数值的选择紧密相关。但由于参数空间的大小不同，而且各参数间的相关性，在 BFO 算法的实际应用中并没有确定最佳参数的通用方法，只能凭经验选取。本小节主要介绍一些在仿真中总结出来的经验和指导性原则。

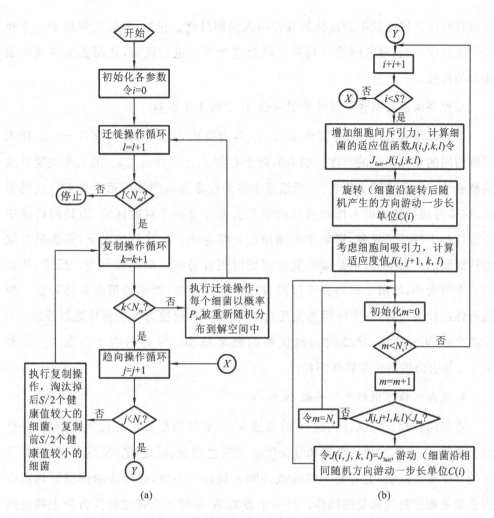

(a)   (b)

图 6.3 细菌觅食优化算法流程框图

1. 种群大小 S

种群规模 S 表示 BFO 算法中同时进行搜索的细菌数目,其大小影响算法效能的发挥。种群规模小,BFO 算法的计算速度虽快,但种群的多样性降低,影响算法的优化性能;种群规模大,个体初始时分布的区域多,靠近最优解的机会就越高,越能避免算法陷入局部极小值。但是种群规模太大时,算法的计算量增大,导致算法的收敛速度变慢。

2. 游动的步长大小 C

步长大小 C 表示细菌觅食基本步骤的长度,C 控制种群的多样性和收敛性。一般来说,C 不应小于某一特定值,这样能够有效地避免细菌仅在有限的区域寻优,导致不易找到最优解。然而,C 太大时虽使细菌迅速向目标区域移动,却也容易离开目标区域而找不到最优解或者陷入局部最优。比如,当最优解位于一个狭长的波谷中,步长过长时算法可能会跳过这个波谷进行搜索,从而丢失寻找到最优解的机会。

3. 种群细菌之间传递信号的影响值 J_{cc}^i 中的 4 个参数

引力深度 $d_{\text{attractan }t}$、引力宽度 $w_{\text{attractan }t}$、斥力高度 $h_{\text{repellant}}$ 和斥力宽度 $w_{\text{repellant}}$ 代表了细菌间的相互影响的程度。引力的两个参数 $d_{\text{attractan }t}$ 和 $w_{\text{attractan }t}$ 的大小决定算法的群聚性。如果这两个值较大,则细菌个体会过多强调周围细菌个体对自己的影响,这样可能导致它们不按照自己的信息去搜寻食物丰富的区域,而是向群体中心靠拢产生“抱团”现象,影响单个细菌的正常寻优。在这种情况下,算法虽有能力达到新的搜索空间,但是碰到复杂问题时更容易陷入局部极值点。反之,如果这两个值太小,细菌个体将完全按照自己的信息搜索,而不会借鉴群体智慧。细菌群体的社会性降低,个体间的交互太少,使得一个规模为 S 的群体近似等价于 S 个单个细菌的寻优,导致找到最优解的概率减小。斥力的两个参数 $h_{\text{repellant}}$ 和 $w_{\text{repellant}}$ 与引力的两个参数作用相反。

4. 趋向性操作中的两个参数 N_c 和 N_s

若趋向性操作的执行次数 N_c 的值过大,尽管可以使算法的搜索更细致、寻优能力增强,但是算法的计算量和复杂度也会随之增加;反之,若 N_c 的值过小,则算法的寻优能力减弱,更容易早熟收敛并陷入局部最小值,而算法的性能好坏就会更多地依赖于运气和复制操作。另一个参数 N_s 是每次在任意搜索方向上前进的最大步长数($N_s=0$ 时不会有趋向性行为),N_s 取决于 N_c,取值时 $N_c>N_s$。

5. 复制操作执行的次数 N_{re}

N_{re} 决定了算法能否避开食物缺乏或者有毒的区域而去食物丰富的区域搜索,这是因为只有在食物丰富的区域里的细菌才具有进行繁殖的能力。在 N_c 足够大时,N_{re} 越大算法越易收敛于全局最优值。但是 N_{re} 太大,同样也会增加算法的计算量和复杂度;反之,如果 N_{re} 太小,算法会易早熟收敛。

6. 迁徙操作中的两个参数 N_{ed} 和 p_{ed}

若迁徙操作执行的次数 N_{ed} 的值太小,则算法没有发挥迁徙操作的随机搜索作用,算法易陷入局部最优;反之,若 N_{ed} 的值越大,算法能搜索的区域越大,解的多样性增加,能够避免算法陷入早熟,当然算法的计算量和复杂度也会随之增加。迁徙概率 p_{ed} 选取适当的值能帮助算法跳出局部最优而得到全局最优,但是 p_{ed} 的值不能太大,否则 BFO 算法会陷于随机"疲劳"搜索。

上述参数与问题的类型有着直接的关系,问题的目标函数越复杂,参数选择就越困难。通过大量的仿真试验,文献[139]中得到 BFO 算法参数的取值范围为:$N_s = 3 \sim 8, p_{ed} = 0.05 \sim 0.3, N_{ed} = (0.15 \sim 0.25)N_{re}, d_{\text{attractan}\,t} = 0.01 \sim 0.1, w_{\text{attractan}\,t} = 0.01 \sim 0.2, h_{\text{repellant}} = d_{\text{attractan}\,t}, w_{\text{repellant}} = 2 \sim 10$。此外,趋向性操作的执行次数 N_c、复制操作执行的次数 N_{re} 通常作为算法的终止条件,需要根据具体问题并兼顾算法的优化质量和搜索效率等多方面的性能来确定。实际上从理论上讲,不存在一组适用于所有问题的最佳参数值,文献[3]中也仅仅给出了参数的粗略取值范围,而且随着问题特征的变化,有效参数值的差异往往非常显著。因此,如何设定 BFO 算法的控制参数以使 BFO 算法的性能得到改善,还需要结合实际问题深入研究,且有赖于 BFO 算法理论研究的发展。

6.2　基本细菌觅食优化算法的操作改进

通过上一节对标准细菌觅食优化算法基本原理的分析,我们知道:在趋向操作中游动步长 C 是关键的参数之一,由于标准 BFO 算法中步长固定使得收敛速度慢,若能令其自适应调节大小将会提高计算精度和收敛速度;在复制操作中将细菌个体按照一次趋向性操作中细菌个体经过的所有位置的适应值的累积和排序,淘汰一半数目的细菌,复制剩余的另一半细菌,该策略并不能保证能够在下一代保留适应值最优的细菌,从而影响算法的收敛速度;在迁徙操作中对每个细菌给定相同的迁徙概率 P_{ed},容易丢失精英个体,降低种群的多样性。因此,为了提高标准 BFO 算法的性能,本节从以上三个操作着手,对其进行改进,期望得到较好的效果。

6.2.1　趋向操作的改进

由 6.1.4 节中的阐述可以看出,趋向行为确保了细菌的局部搜索能力,但固定的步长 C 面临两个主要问题:

第一,步长大小不容易确定。步长太大虽使细菌迅速向目标区域移动,却也容易离开目标区域而找不到最优解或者陷入局部最优。步长过小,获得高精度计算结果的同时也带来了早熟、不熟的问题,使得算法可能陷入局部极小区域。

第二,在趋向行为的游动和翻转中,能量不同的细菌取相同的步长,无法体现出能量高的细菌和能量低的细菌的步长差异,在一定程度上降低了细菌趋向行为的寻优精度。

因此,对于收敛速度和计算精度而言,每个细菌的步长大小都起着主要决定作用。这就需要我们根据细菌和最优点之间的距离来调节步长。如果距离远则加大步长,如果距离近则减小步长。

本节算法赋予细菌灵敏度的概念以调节游动步长,即在一个趋向性步骤内细菌具有灵敏度记忆功能。每个细菌按照以下步骤进行趋向性操作:

Step1　灵敏度赋值

$$V = \frac{J_i}{J_{\max}}(X_{\max} - X_{\min}) * rand \tag{6.5}$$

其中,V 是灵敏度,$X_{\max}$、$X_{\min}$ 表示变量的边界,J 为适应值。

Step2　翻转:产生随机向量 $\Delta(i)$,进行方向调整,按照

$$\theta^i(j+1,k,l) = \theta^i(j,k,l) + C(i)\frac{\Delta(i)}{\sqrt{\Delta^T(i)\Delta(i)}}$$

更新细菌位置和适应值。

Step3　游动:如果翻转的适应值改善,则按照翻转的方向进行游动,直到适应值不再改善。游动步长采用式(6.6)调整。

$$C(i) = C(i) * V \tag{6.6}$$

Step4　按式(6.7)线性递减灵敏度。

$$V = \frac{step_{\max} - step_i}{step_{\max}} * V \tag{6.7}$$

一般地,在迭代的开始,种群中的大部分细菌个体距离全局最优点较远,为了增加算法的全局搜索能力,游动步长 $C(i)$ 应该较大。但是,随着迭代的持续进行,许多细菌个体越来越靠近全局最优值,这时,游动步长 $C(i)$ 应该减小以便增加每个细菌个体的局部搜索能力。从式(6.6)和式(6.7)中很明显的看到,本节设计的移动步长变化满足上述要求。所以,本节提出的赋予记忆灵敏度的自适应移动步长可以使整个算法的收敛速度加快。

6.2.2　复制操作的改进

在基本细菌觅食算法的复制操作中,细菌能量值 J_{health} 按照一次趋向性操作中细菌个体经过的所有位置的适应值的累积和从小到大的顺序进行排列(能量值越大表示细菌越健康),淘汰掉前 $S_r = S/2$ 个能量函数值较小的细菌,选择后 S_r 个能

量值较大的细菌进行相同复制。这种操作方式复制出来的子代细菌和其母代细菌觅食能力完全相同,在将觅食能力特别好的细菌进行复制的同时,也复制了虽排在前 50%名,但觅食能力并不好的细菌,因而该策略并不能保证能够在下一代保留适应值最优的细菌。显然,标准 BFO 算法在这一操作上还有所欠缺。

本节提出在细菌觅食的复制操作中,嵌入分布估计算法。分布估计算法 EDA (Estimation of distribution algorithm)是基于变量的概率分布的一种随机搜索算法。该算法通过对优秀个体的采样和空间的统计分布分析,进而建立相应的概率分布模型,并以此概率模型产生下一代个体,如此反复迭代,实现群体的进化。具体步骤如下:

Step1 在经过一个完整的趋向循环后,对每个细菌按照能量(适应值的累加和)进行排序。

Step2 淘汰能量较差的半数细菌,对能量较好的半数细菌进行分布估计再生:假设待优化变量的每一维度相互独立,并且各维度之间服从高斯分布,按式(6.8)和式(6.9)进行复制。

$$X_{\mu,\sigma} = r_{norm} * \sigma + \mu \tag{6.8}$$

$$r_{norm} = \sqrt{-2\ln r_1} * \sin(2\pi r_2) \tag{6.9}$$

其中,r_1 和 r_2 是区间 $[0,1]$ 之间的均匀分布随机数,μ、σ 分别为细菌较优位置的分维度均值和标准差向量,乘积采用点乘。

6.2.3 迁徙操作的改进

在标准细菌觅食算法的迁徙操作中,算法只是以某一固定的概率将细菌群体重新分配到寻优空间当中去,藉此改善细菌跳出局部极值的能力。但是该算法中针对每个细菌给定相同的迁徙概率 P_{ed},如果随机数小于这个数,就对该细菌进行迁徙,这对于那些获得较好位置和能量(比如全局最优值附近)的细菌来说,相当于丢失了精英个体,迁徙实际上变成了解的退化。

本节提出一个自适应迁徙概率 P_{self},所有细菌按照式(6.10)进行自适应概率迁徙。

$$P_{self}(i) = \frac{J_{health}^{max} - J_{health}^{i}}{J_{health}^{max} - J_{health}^{min}} * P_{ed} \tag{6.10}$$

其中,J_{health} 为能量值函数,P_{ed} 为基本迁移概率。为了提高算法后期的细菌群体多样性,本节按照细菌群体在生命周期内已经获得的能量大小进行概率迁移,能量值大的细菌迁移概率小,能量值小的细菌迁移概率大,迁移概率按照遗传算法中的轮盘赌方法作为选择机制。由于采用了轮盘赌方法进行选择，J_{health}最小的肯定被迁移，所以在式中乘以基本迁移概率。

6.2.4　改进算法的总流程

综合对趋向性操作、复制操作和迁徙操作的改进，本章所提出的算法命名为基于分布估计算法的细菌觅食优化算法，简称 EDA-BFO 算法。具体流程如图 6.4 所示。

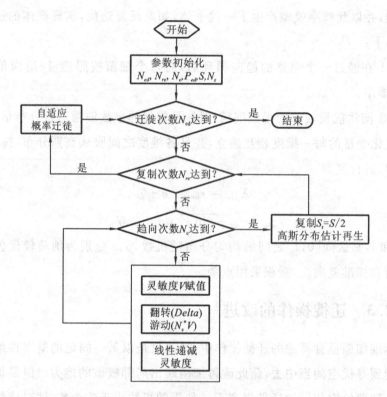

图 6.4　EDA-BFO 算法总流程框图

6.2.5　函数优化测试

采用附录中的四个标准测试函数 f_1（Rosenbrock）、f_2（Rastrigin）、f_3（Griewank）和 f_4（Ackley）进行试验，函数表达式和搜索范围详见本书附录。这几个典型的标准函数都具有全局极小点，用它们来比较各种算法的性能是合适的。其中 f_1 是单峰函数，同时也是很难极小化的典型病态二次函数，其全局最优与可到达的局部最优之间都有狭窄的山谷。f_2、f_3 和 f_4 是具有大量局部最优点的复杂多峰函数，这三个函数很容易使算法陷入局部最优，而不能得到全局最优解。这四个测试函数的最小值均为 0。

以上是四个通常很难优化的测试函数,并且随着函数的维数增加优化难度会大幅增大。对于低维单峰函数,标准细菌觅食优化算法可得到满意的优化结果。但对于高维且多峰的函数问题,标准细菌觅食算法的优化效果难以令人满意。基于此,为了检验本章所提出的改进算法(EDA-BFO)对高维、多峰函数的优化性能,本节将上述四个测试函数的维度均设置为 50 维。

为了测试新算法的性能,本节用 EDA-BFO 算法分别对上述四个高维多峰函数独立运行 50 次寻优,并与 BFO、PSO 和 GA 算法的测试结果进行比较。评价标准有优化均值、标准差、最优值和成功率四个。其中:优化均值是指所有优化搜索结果中的最优平均值,标准差是指算法搜索 50 次最优值的标准差,最优值是指 50 次测试的最好结果,成功率是指找到全局最优解的次数相对于总次数的比率。

各算法的参数设置:

BFO 算法中细菌总数 $S=50$,趋向次数 $N_c=40$,复制次数 $N_{re}=4$,迁徙次数 $N_{ed}=2$,游动次数 $N_s=3$,游动步长 $C=0.001R$(R 为优化区间的宽度),迁徙概率 $P_{ed}=0.25$;趋向内的迭代总次数设为 800 次。

PSO 算法中 $w=0.9$,C_1 从 5 线性递减至 0.1,C_2 从 0.5 线性递减至 0.1。

GA 算法采用舍菲尔德 GATBX 工具箱算法,其中选择率 0.9,交叉率 0.7,变异率 0.08。

EDA-BFO 算法中细菌总数、趋向次数、复制次数、迁徙次数、游动次数以及趋向内的迭代总次数均与 BFO 算法中相应参数的设置相同。

四种算法在四个函数维度为 50 维时的测试结果如表 6.1 所示。

表 6.1　基于 50 维的算法性能测试结果

函数	算法	平均值	标准差	最优值	成功率
f_1	GA	50.481	35.48	0.823	100%
	PSO	289.03	79.69	139.64	14%
	BFO	50.64	0.23	49.81	100%
	EDA-BFO	30.60	21.31	7.25E-04	100%
f_2	GA	66.791	11.57	37.18	100%
	PSO	120.615	20.79	73.92	56%
	BFO	3.73	0.36	2.74	100%
	EDA-BFO	0.0027	0.0035	1.709E-07	100%

函数	算法	平均值	标准差	最优值	成功率
f_3	GA	1.505	1.15	0.974	100%
	PSO	7.466	2.67	3.524	68%
	BFO	1.028	0.008	1.006	100%
	EDA-BFO	0.0337	0.0449	2.302E-07	100%
f_4	GA	4.262	0.877	1.087	26%
	PSO	3.518	0.427	2.739	76%
	BFO	0.397	0.034	0.318	100%
	EDA-BFO	0.0125	0.0106	8.279E-05	100%

由表 6.1 可知,四种算法中,PSO 算法的整体性能表现最差,其次是 GA 算法。改进后的 EDA-BFO 算法在 f_1、f_2、f_3 和 f_4 中的最优值精度都高于其他算法。除了 f_1 的测试结果外,新算法的标准差相对稳定,在平均值、最优值和成功率上的总体表现都优于其他四种算法。

好的优化算法除了要求计算精度高之外,还要求运行速度快。表 6.2 以优化函数 f_1 为例,刻画了四种智能算法分别在函数为 30 维和 50 维时的耗时(单位:秒)。从表 6.2 可知:GA 耗时特别长;PSO 耗时最短、运算速度最快;而 EDA-BFO 的耗时与 BFO 相当,比 PSO 略慢。

表 6.2   基于 f_1 的算法时间测试   (单位:秒)

f_1 维数	GA	PSO	BFO	EDA-BFO
30 维	21.563	1.203	2.484	2.453
50 维	32.938	1.360	2.719	2.703

另外,算法的收敛性是检测算法性能的重要指标,基于 f_1 的收敛曲线如图 6.5 所示。由图 6.5 可知,四种算法中,由于 EDA-BFO 算法对三大操作进行了改进,使得收敛速度加快。此外,即使是在算法的后期,由于细菌之间保持了种群的多样性,使得平均值与最优值之间保持了适当的距离,因此具有较好的寻优能力。

6.2.6 小结

针对 BFO 易早熟、收敛速度慢等缺陷,本节对标准 BFO 算法进行了三项改进:在趋向操作中,通过赋予细菌灵敏度的概念来改变细菌的游动步长;在复制操作中,嵌入分布估计思想;在迁徙操作中,提出自适应迁徙概率,进而提出了一种较全面的细菌觅食优化改进算法——分布估计细菌觅食优化算法(EDA-BFO)。

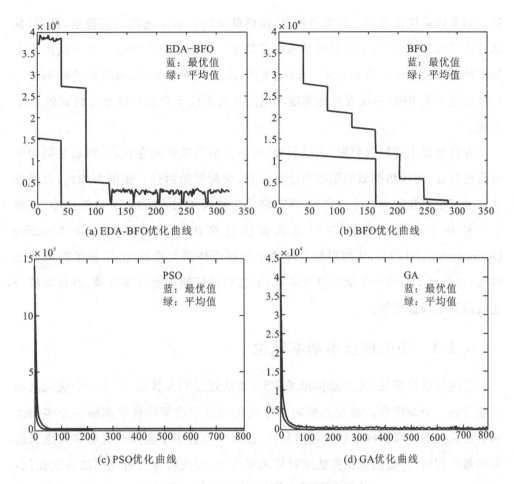

图 6.5　基于 50 维 f_1 的算法收敛性能测试

试验结果表明,该算法性能优于标准 BFO 算法,有效的避免了 GA、PSO、BFO 算法的部分缺陷,编码后适用于解决高维复杂工程的相应优化问题。后续研究的方向是对该方法的参数设置进行讨论,以及探讨多变量相关情况下的收敛情况,并将该方法应用于工程实例。

6.3　小生境细菌觅食优化算法

由 Passino 开发的细菌觅食优化算法(BFO)概念简单、容易实现,近几年来在低维函数优化中取得了良好效果。但随着目标函数的复杂和维数的增加,算法变得敏感,优化效果不佳。导致这一现象的主要原因之一是细菌的聚集行为易使细菌"盲从"或"抱团",导致算法陷入局部最优。即:在算法运行过程中,如果某细菌发现一个当前最优位置,由于聚集行为中的信息共享机制其他细菌将迅速向其靠拢。如果该最优位置为一局部最优点，菌群就无法在解空间内重新搜索，最后，算法陷入局部最优，出现了所谓的早熟收敛现象。因此，标准 BFO 算法不适用于求解多峰函数的多个局部最优解。Tang 的仿真试验结果表明，细菌游动时不进行群体内通信的 BFO 算法在收敛速度和精度上反而优于存在群体感应机制的 BFO 算法。

在自然界中，"物以类聚，人以群分"的小生境现象普遍存在，生物总是倾向于与自己特征、形状相类似的生物生活在一起，交配繁殖后代。正因为如此，自然界才充满了生机和活力。受此启发，本节将小生境技术引入标准 BFO 算法中，提出了一种基于小生境机制的细菌觅食优化算法（Niching Bacteria Foraging Optimization，NBFO），从而限制了群体中个别个体的大量增加，维护了群体的多样性，并造就了一种小生境的进化环境，不仅能很好地避免过早收敛，而且能够快速收敛到全局最优解。

6.3.1　小生境技术基本理论

普通的进化算法（无论是标准的 PSO 算法还是 GA 算法）对于一个优化问题只能发现一个最优解。而在大量的实际优化问题的求解计算中面临一个多模态函数优化问题或者多峰函数优化问题，往往需要搜索多个全局最优解和有意义的局部最优解时，普通的进化算法这时将无能为力，即使将普通进化算法多次使用，也不能保证所发现的最优解互不相同。如何构造一种优化算法，使之能够搜索到全部全局最优解和尽量多的局部最优解，已成为当今优化领域的热门研究问题。

而小生境技术就是一种方法，这项技术模拟生态平衡，能使普通进化算法具有发现多个最优解的能力。小生境技术源于遗传算法（GA），在遗传算法中，发现多模态问题中多个最优解的能力被称为小生境技术（Niching Technique）。受此启发，近年来，在多峰问题优化中，为了找到全部全局最优解和尽量多的局部最优解，研究人员将自然界的小生境（Niche）现象引入到算法中。其基本方法是：把解空间中每个峰周围的个体所构成的子空间比作生物生长的一个小生境，把峰周围的个体所组成的子群体比作在该小生境中繁衍的物种，每个小生境中的物种能够集中寻找该生境中的峰。理想情况下，小生境的数目等于所要找的峰的数目。

小生境算法按照实现方式来划分，有并行和串行两种小生境技术。串行技术一次只能发现一个最优解，然后通过重复使用该算法去发现其他最优解，而并行算法却能够同时发现所有最优解。尽管一般情形下串行技术比并行技术运行速度慢，但好的串行技术也可以提升整个小生境技术的性能，尤其在优化复杂的多模函数问题上，好的串行技术甚至于要优于并行技术。

由于细菌觅食优化算法比较简单、有效，本节将使用串行小生境技术改进该算法。由于改进算法使用了多个小生境子细菌群串行运行，为了避免多个子细菌群收敛到同一个或某几个最优解，算法必须更改后面运行的子细菌群中细菌的适应值，以免这些细菌重复探索已经发现最优解的小生境。本章从限制优化问题中引入罚函数的概念，对适应值较小的个体施加一个较强的罚函数，最终使得在指定距离内只存在一个优良的个体，既维护了群体的多样性，又使得各个体之间保持一定的距离，并使得个体能够在整个约束空间中分散开来。

6.3.2 小生境遗传算法研究进展

小生境技术最先被用于遗传算法的改进研究。在自然界中，往往是特征、性状相似的物种聚集在一起，并在同类中交配并繁衍后代，但在基本遗传算法中，交配完全以随机的方式进行。虽然这种随机化的杂交形式在进化的初期保持了种群的多样性，但在进化后期会造成后代的近亲繁殖，从而降低进化的质量。为了解决随机杂交的有效性问题，自 20 世纪 70 年代以来，国内外的许多学者纷纷尝试在遗传算法中引入小生境技术，并已取得大量的研究成果。其中，最有代表性的小生境技术有以下几种：

1. 基于预选择(Preselection)机制的小生境技术

Cavicchio 于 1970 年率先在遗传算法中引入了基于预选择(preselection)机制的小生境技术。在这种预选择机制中，只有当子代个体的适应值超过其父代个体的适应值时，子代个体才能替换其父代个体而进入到下一代群体中，否则父代个体在下一代群体中继续保留。由于这种方式趋向于替换与自身因父子间的性状遗传而相似的个体，从而能够较好地维持群体的分布特性。Cavicchio 声称采用基于预选择机制的小生境遗传算法可以在群体规模相对较小的情形下维持较高的群体分布特性，从而改进算法的搜索效能。

2. 基于排挤机制(Crowding)的小生境技术

在生态学中，由于资源的有限，各种不同的生物为了能够在一个有限的生存空间中得以延续，不得不相互竞争。借鉴于该思想，1975 年 De Jong 改进了Cavicchio 的预选择机制，在其博士论文中提出了基于排挤机制(Crowding，也称为排挤因子模型)的小生境实现方法。主要步骤如下：

Step1 设定一个排挤因子(Crowding Factor,CF),并从当前群体中随机选取 1/CF 个个体组成排挤因子团体。

Step2 依据相似性原则,比较新产生的个体与排挤因子团体内的个体的相似性。

Step3 用新产生的个体去替换排挤因子团体中最相似的个体。

引入排挤机制的小生境遗传算法在优化的初始阶段,由于群体中个体间的相似性不存在显著差异,故个体的更新替换具有一定的随机选择特性。但在遗传优化的后期,群体中的个体逐步形成若干个小生境,此时基于个体相似性的替换技术可以在一定程度上维持群体的分布特性,并为进一步的分类和小生境的形成创造条件。De Jong 曾将这一技术应用到多峰函数的遗传优化上,获得了比较满意的结果。但上述算法有个显而易见的缺陷,那就是排挤因子 CF 的取值不易掌握。若 CF 取值过大则影响算法的效率;而 CF 取值过小则会导致在搜索过程中部分峰值的丢失。

3. 基于决定性排挤(Deterministic crowding,DC)机制的小生境技术

Cavicchio 和 De Jong 声称这两种方法都可以在群体中形成小生境的进化环境,并维持了群体的多样性。但在相当长的时间里,对 Reselection 和 Crowding 的研究少之又少。直到 1992 年 Mahfoud 才又进行比较深入的研究,指出在实际应用中,这两种方法并不像其作者所声称的那样能成功地维持多样性,且对多模优化问题不能维持超过一个最优解。真实情况是这两种方法所采用的随机替代技术将产生大量的基因漂移,而使算法收敛于局部最优解。通过对 Crowding 方法的修改,Mahfoud 提出了一种基于决定性排挤机制的小生境技术。该方法据说可以从根本上消除基因漂移。

DC 可以看成是排挤算法的改进技术,其主要步骤为:

Step1 建立初始群体 $P(0)$。

Step2 选择操作:从群体 $P(t)$ 中随机选择两个父代个体 P_1 和 P_2,并将其两两配对,若 N 为群体规模,则配对后将生成 $N/2$ 对父代个体。

Step3 对父代个体 P_1 和 P_2 进行交叉、变异或其他遗传操作,生成两个子代个体 C_1 和 C_2。

Step4 计算 P_1 与 C_1、P_2 与 C_2、P_1 与 C_2、P_2 与 C_1 的距离 d_1、d_2、d_3、d_4。

Step5 竞争与替代:若 $d_1 + d_2 \leqslant d_3 + d_4$,则:

若 $f(c_1) > f(P_1)$,用 C_1 替代 P_1;

　　若 $f(c_2) > f(P_2)$，用 C_2 替代 P_2；

　　否则：

　　若 $f(c_2) > f(P_1)$，用 C_2 替代 P_1；

　　若 $f(c_1) > f(P_2)$，用 C_1 替代 P_2；

　　其中，$f()$ 为适应值函数。

　　DC 具有算法简单、收敛速度快和隐含并行性等优点，被用于解决列车轨道混凝土的生产工艺问题，取得了较好的结果。

　　4. 基于共享机制(Sharing)的小生境技术

　　小生境技术中最著名且用得最多的是 1987 年 Goldberg 和 Richardson 提出的基于适应值共享(Fitness Sharing)机制的小生境实现方法(简称 FSGA)。算法认为每个小生境是有限的资源，在小生境中的个体将共享这个资源。在这个机制中，各个小生境中所有个体的适应值将按照物种规模以一定的比例降低，即通过反映个体之间相似程度的共享函数(sharing function)来调整群体中各个个体的适应值，从而在这以后的群体进化过程中，算法能够依据调整后的新适应值进行计算。共享函数是表示群体中两个个体 i 和 j 之间密切程度的一个函数，定义如下

$$\mathrm{Shd}_{ij} = \begin{cases} 1 - \left(\dfrac{d_{ij}}{\sigma_0}\right)^{\lambda}, & d_{ij} < \sigma_0 \\ 0, & \text{其他} \end{cases} \tag{6.11}$$

式中，$\sigma_0 (\sigma_0 > 0)$ 为预先给定的小生境半径，d_{ij} 为两个个体 i 和 j 之间的海明距离或欧氏距离，λ 为共享程度参数。

　　由式(6.11)可知：

　　(1) $0 \leqslant \mathrm{Shd}_{ij} \leqslant 1$，$\mathrm{Shd}_{ij}$ 越大则两个个体之间关系越密切，也就是两个体间相似程度越大；反之，则两个个体之间相似程度不大。

　　(2)当 $d_{ij} = 0$ 时，$\mathrm{Shd}_{ij} = 1$，即每个个体与自身的密切程度为 1。

　　(3)当 $d_{ij} \geqslant \sigma_0$ 时，$\mathrm{Shd}_{ij} = 0$，即两个个体之间不密切相关，这表明两个个体处于不同的小生境中。

　　(4)当 $d_{ij} < \sigma_0$ 时，在该范围内的个体小生境半径相同，信息共享，互相削减适应值，收敛在同一个小生境内。

　　(5)预先给定的小生境半径 σ_0 是一个关键参数，直接影响到算法的搜索性能。因此需要先验知识来设定小生境半径 σ_0 也是该算法最主要的缺陷。

　　1989 年 Deb 和 Goldberg 给出小生境半径的设定方法，即

$$\sigma_0 = \frac{\sqrt{k}}{2 \cdot \sqrt[k]{m}} \tag{6.12}$$

式中,k 为优化问题的维度,m 为优化问题最优解的个数。但该方法需要事先知道多峰值函数最优解的个数 m,并且算法复杂度达到 $O(n^2)$——n 为种群规模。1991 年 Oei 介绍了几种降低算法复杂度的方法,主要是以在种群中选取若干个个体作为样本代替计算所有个体间的相似度,但每个小生境都要限定个体的最大数量。

在计算了个体之间的共享函数之后,就可以定义每个个体在群体中的共享程度——共享度了。它定义为该个体与群体内其他个体间共享函数值之和,用 m_i 表示,即

$$m_i = \sum_{j=1}^{N} \mathrm{Sh} d_{ij}, \quad i = 1, 2, \cdots, N \tag{6.13}$$

式中,N 是种群中所有个体的数目。由于当 $d_{ij} \geqslant \sigma_0$ 时,$\mathrm{Sh} d_{ij} = 0$,个体 i 在整个群中的共享度 m_i 在数值上实际等于个体 i 在自身所在小生境中的共享度。

在计算了个体的共享度之后,再根据式(6.14)来更新个体的适应值,即

$$f_i' = \frac{f_i}{m_i}, \quad i = 1, 2, \cdots, N \tag{6.14}$$

式中,f_i' 是第 i 个个体共享后的适应值,f_i 是第 i 个个体共享前的适应值。结合式(6.13)和式(6.14),可知:如果在一个小生境中包含了较多的个体,那么该小生境中所有个体经信息共享后共享度 m_i 将大幅提高,而个体的适应值 f_i' 将大幅降低,从而其他具有较少个体的小生境得以繁衍。

综上所述,基于适应值共享机制的小生境技术的基本思想可以概括为:将问题的解视为个体共享的资源,共享的方式是用个体的适应值除以共享度。对于比较稀疏的个体,其适应值的改变较小;而对于比较集中的个体,其适应值的改变较大。这样就可以限制种群内特殊物种的无限制增长,使稀疏的个体得以繁衍,从而维持种群的多样性。

6.3.3　小生境粒子群优化算法研究进展

近年来,随着 PSO 算法在各领域获得了广泛的应用和重视,一些学者已逐步将研究的目光投向基于 PSO 算法的小生境技术,但目前和基于 GA 的小生境算法相比较,研究的文献还不够多,还仅处于一种初始阶段,并且许多思想是从小生境遗传算法中借鉴过来的。本节将介绍几种基于 PSO 的小生境算法。

1. 小生境粒子群优化算法(Niching PSO)

2002 年 Brits 等学者将小生境技术率先引入粒子群优化算法中,提出了小生境粒子群优化算法。试验表明,该算法在求解多峰函数的问题上搜索效果优秀。在 Brits 等学者提出的 Niching PSO 中,为保持粒子群的多样性,若某个粒子在运算连续多次迭代中对应的适应值变化量很小,则以此粒子为中心,以此粒子与其最近的粒子之间的距离为半径构造一个圆形小生境。定义小生境的子粒子群的半径为

$$R_{s_j} = \max \{ \| x_{s_j,g} - x_{s_j,i} \| \} \tag{6.15}$$

其中,$x_{s_j,g}$、$x_{s_j,i}$ 分别为子粒子群 S_j 中的最优粒子和任一非最优粒子。算法有两个核心操作:

(1)若粒子 x_i 进入子粒子群 S_j 范围内,即 $\| x_i - x_{s_j,i} \| \leqslant R_{s_j}$,则粒子将被此小生境子粒子群吸收。

(2)若两个子粒子群 S_j、S_k 范围相交,即 $\| x_{s_j,g} - x_{s_k,g} \| \leqslant | R_{s_j} - R_{s_k} |$,则两个子粒子群将被合并成一个。

Niching PSO 算法的具体步骤描述如下:

Step1 设置参数,初始化主粒子群。

Step2 使用单认知模型的粒子群优化算法对子粒子群进行一次搜索运算,并计算新粒子群的适应值。

Step3 对每个子群,使用一般收敛粒子群优化算法(GCPSO)训练一次子群,更新每个粒子的适应值,更新子群半径。

Step4 根据规则,合并符合要求的子粒子群。

Step5 子群吸收飞进该子群的主群粒子。

Step6 根据设定的阈值,判断主群是否发现潜在最优解,如果是,则在其附近建立一个新的子群。

Step7 判断终止条件是否满足,若不满足转 Step2,否则结束。

可以看出,该算法较为复杂,并且依然需要指定小生境半径来吸收其他子群或主群中的粒子。

2. 物种 PSO(Speciation PSO,SPSO)

Li 提出了一种基于物种的 PSO 算法,该算法借鉴了物种遗传算法的思想。该算法的思想很简单:首先设定一个物种的半径(即小生境半径),然后将粒子个体排序,最小个体即为第一个物种的种子,与该种子个体之间的距离(通常使用欧

氏距离)小于设定半径的种子个体即属于该种子的种群;余下的第一个粒子即为第二个物种的种子个体,依次进行下去,直到所有的个体都属于某一个物种;然后每个物种即子群按照普通的 PSO 算法速度、位置更新公式进行计算;计算结束后,按照物种算法继续下一次的物种形成。

该算法简单、有效,但显而易见仍然需要设定小生境半径,这阻碍了小生境算法的实际应用价值。

3. 基于聚类的小生境 PSO

2005 年王俊年等学者在基本 Niching PSO 算法中引入一种简单的聚类算法,替换了原算法中依赖于圆形拓扑邻域的小生境产生方法,构建出一种基于聚类的小生境微粒群算法(CBNPSO)。小生境微粒群算法在对主微粒群进行寻优的同时对其中的微粒进行聚类,当聚类簇中的个体数目达到规定的子微粒群最小规模时形成一个小生境。用这种算法能够产生大小和形状不同的小生境,克服了Niching PSO 算法的不足。

同年,王俊年等学者在微粒群算法中引入"基于密度"的聚类算法,构建出一种改进的小生境微粒群算法。该算法组合了两种方法来实现小生境的思想:第一,采用多种群策略,初始化产生一个没有子微粒群区分的主微粒群后,在对其迭代执行 l-best PSO 算法的同时,允许其中动态产生不相同的子微粒群;第二,子微粒群的产生采用一种"基于密度"的聚类算法,如果两个个体之间的距离小于一个给定的极值,则将这两个个体联系起来归入一个聚类簇,当聚类簇中的个体数目达到规定的子微粒群最小规模时形成一个小生境。用这种算法能够产生大小和形状不同的小生境,与生物学中地理小生境具有多种形状的事实相符合,也克服了 Niching PSO 算法只能以某一微粒为中心产生圆形小生境的不足。

2006 年王俊年等学者将山峰聚类法和小生境微粒群算法结合,构建一种基于小生境微粒群算法的山峰聚类法。首先在数据空间上构造网格,进而构造出表示数据密度指标的山峰函数,然后将山峰聚类法中通过顺序地削去山峰函数来选择聚类中心这一步用小生境微粒群算法代替,通过执行小生境微粒群算法对山峰函数进行多峰函数寻优,找到山峰函数的每一个峰,即可确定聚类中心的个数和每一个聚类中心位置。仿真试验表明,构建的新算法能够弥补传统聚类算法的一些缺陷。

6.3.4　小生境细菌觅食优化算法的基本思想及步骤

1. NBFO 算法的基本思想

在小生境细菌觅食优化算法（NBFO）中，主要分为三个阶段：第一，由小生境技术根据细菌之间距离找到每个细菌的小生境群体；第二，在每个小生境群体中利用细菌觅食算法进行适应值和位置的更新，其中菌群的群体最优值仅在该小生境群体中起作用；第三，对于更新后的群体，根据细菌之间的距离，利用适应值共享机制提高细菌的适应值，对于适应值最低的个体，利用罚函数处罚相应的细菌。最后保留每个细菌的群体最优个体，直到满足终止条件。

简言之，NBFO 算法的基本思想是：对整个细菌群进行适当的划分，从而得到一些小生境子细菌群，然后将小生境子细菌群中的细菌个体以所在小生境子细菌群中的最优个体作为运动目标，进行进化。因此，在小生境技术中，小生境如何划分、小生境的半径如何设定以及采取何种机制是实现小生境技术的重要环节，直接影响着算法的优化性能。本章采取传统小生境划分方式和适应值共享机制，具体设置如下：

（1）小生境的划分

设有细菌 $X_i, i=1,2,\cdots,N, X_i$ 与另一个任意细菌 $X_j, j=1,2,\cdots,N$ 的距离定义为

$$d_{ij} = \parallel X_i - X_j \parallel \tag{6.16}$$

这里取欧式距离。

对于由式（6.12）给定的小生境半径参数 σ_0，如果 $d_{ij}<\sigma_0$，则细菌 X_j 加入到细菌 X_i 的小生境 X_{P_i}；否则，不加入。

（2）共享函数及适应值函数更新

细菌间的共享函数及适应值函数的更新详见式（6.11）和式（6.14）。

（3）小生境淘汰运算

在串行小生境技术中，引进罚函数来调整小生境子细菌群中个体的适应值，淘汰结构相似的个体。在每一代群体中，若 $\parallel X_i - X_j \parallel <L$（$L$ 为预先设定值），就对其中适应值相对较低的个体施加一个较强的罚函数，使其适应值等于一个很小的数，即 $f_{\min}(x_i, x_j)=\text{Penalty}$。这样，距离在 L 之内的两个个体中，较差的个体经处理后其适应值变得更差，那么它在后面的进化过程中被淘汰的概率极大。从而，在距离 L 之内将只存在一个优良的个体，既维护了群体的多样性，又使得各个

个体之间保持一定的距离,并在整个搜索空间中分散开来,提高了全局搜索能力。

2. NBFO 算法的整体步骤

本节提出的基于串行技术的小生境细菌觅食优化算法的整体步骤如下:

Step1 设置算法参数:根据预先知道的优化问题的维度 k 和优化问题最优解的个数 m,计算出小生境半径 $\sigma_0 = \dfrac{\sqrt{k}}{2 \cdot \sqrt[k]{m}}$,设定 L。

Step2 初始化细菌群体 $X = \{X_i\}$, $i = 1, 2, \cdots, N$,其中每个细菌个体 $X_i = (x_1, x_2, \cdots, x_m)$。

Step3 按以下步骤确定小生境子细菌群:

(1)令 $i = 1$;

(2)按式(6.16)计算细菌 X_i 与其他细菌 $X_j (j = 1, 2, \cdots, N)$ 距离 d_{ij};

(3)根据 $d_{ij} < \sigma_0$, $j = 1, 2, \cdots, N$,确定细菌 X_i 的小生境子细菌群 X_{P_i},设 P_i 为子细菌群 X_{P_i} 的元素个数。

Step4 按照细菌觅食优化算法在每个小生境子细菌群内部进行趋向、聚集、复制和迁徙操作,更新适应值。

(4)初始化参数 $p, S, N_c, N_s, N_{re}, N_{ed}, P_{ed}, C(i)(i = 1, 2, \cdots, S), \theta^i$,细菌初始最优位置为细菌本身;

(5)按照式(6.11)对 X_{P_i} 进行细菌位置更新,其中群体最优值为小生境子细菌群的最优值,不再是整个细菌群的最优值;

(6)检查条件,对于更新后的小生境子细菌群 X'_{P_i},按照式(6.14)对 X_{P_i} 中的第 j 个细菌进行个体的适应值更新;

(7)利用更新适应值 f_j 及处罚函数 Penalty 对该子群中低适应值的细菌进行处罚。即当 $x_j, x_k \in M_{P_i}$, $\| x_j - x_k \| < L, L < \sigma_0$ 时,比较两个细菌的距离,并对其中适应值较低的细菌进行处罚:

$$f_{\min}(x_j, x_k) = \text{Penalty}, \quad j, k = i, i+1, \cdots, i + P_i - 1$$

(8)当 $i + P_i < N$ 时,置 $i \leftarrow i + P_i$,返回步骤(5);否则,进入下一步。

Step5 计算每个细菌的适应值,保留最优的适应值和细菌个体,检查是否达到优化条件,如果达到,则终止寻优;否则,进入下一个细菌的小生境子群体进行优化。

Step6 若没有找到最优值,则对每个细菌的小生境子群体保留的最优个体组成新的细菌群体空间,重复 Step3。

6.3.5   函数优化测试

为了检验 NBFO 算法的性能,本节采用 f_1(Rosenbrock)、f_3(Griewank)、f_4(Ackley)和 f_5(Shubert)这 4 个标准测试函数进行试验。这几个典型的标准函数都具有全局极小点,用它们来比较各种算法的性能是合适的。

以上是 4 个通常很难优化的测试函数,并且随着函数的维数增加优化难度会大幅增大。对于低维单峰函数,标准细菌觅食优化算法可以得到满意的优化结果。但对于高维且多峰的函数问题,标准细菌觅食算法的优化效果难以令人满意。本试验目的是比较本章提出的小生境细菌觅食优化算法(NBFO)和标准细菌觅食优化算法(BFO)对这 4 个基准函数在高维且多峰情况下的优化精度。基于此,4 个测试函数的维度设置为 30 维。

分别对上述 4 个高维多峰函数独立运行 30 次寻优。评价标准有平均值、标准差和成功率三个。两种算法的参数设置:

细菌总数 $S=20$,趋向次数 $N_c=40$,复制次数 $N_{re}=4$,迁徙次数 $N_{ed}=2$,游动次数 $N_s=3$,游动步长 $C=0.001R$(R 为优化区间的宽度),迁徙概率 $P_{ed}=0.25$。另外,对 NBFO 算法,取小生境半径 $\sigma_0=5$,$L=0.5$。

两种算法的性能测试结果如表 6.3 所示。

表 6.3   BFO 算法和 NBFO 算法的性能测试结果

测试函数	BFO			NBFO		
	平均值	标准差	成功率	平均值	标准差	成功率
f_1	1.796818E−03	2.104373E−03	100%	4.472041E−04	3.113408E−04	100%
f_3	3.261488E−03	2.324836E−03	100%	2.758427E−04	1.521319E−04	100%
f_4	1.652080E−02	1.649343E−02	70%	1.695157E−03	1.558262E−03	90%
f_5	−1.864810E+02	2.463624E−01	80%	−1.866759E+02	3.213880E−02	100%

由表 6.3 可知,NBFO 算法在平均值、标准差和成功率上的总体表现都优于 BFO 算法。对 f_1、f_3 和 f_5,NBFO 算法每一次都能够找到全局最优解,而 BFO 算法在对 f_5 寻优时,有 6 次陷入了距离全局最小值点很近的局部极小值点。f_4(Ackley 函数)的全局最优值落在边缘上,如果算法的初始值落在边缘上,就会很容易寻优成功,否则,不易寻优成功。从测试结果来看,对于 f_4,NBFO 算法虽不能每一次都能够找到全局最优解,但成功率仍然较高(90%),表明该算法稳定。

另外,算法的收敛性是检测算法性能的重要指标,对于 f_5 函数,随机选取两种算法的一次运行结果,收敛曲线如图 6.6 所示。由图 6.6 可知,由于 NBFO 算法引入了小生境技术,使得收敛速度明显加快。

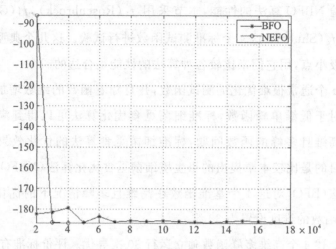

图 6.6　基于 f_5 的两种算法收敛曲线图

6.3.6　小结

受自然界中普遍存在的"物以类聚,人以群分"的小生境现象的启发,本节将小生境技术引入细菌觅食算法中,避免了因聚集行为不当而导致的细菌觅食算法陷入局部最优、过早收敛,维护了群体的多样性,并提高了算法的搜索能力。典型多峰值函数的求解试验表明:小生境细菌觅食优化算法有更强的全局搜索能力和更高的收敛速度,能够高效地寻找到多个全局最优值,是一种寻优能力、效率和可靠性更高的优化算法,其综合性能比标准细菌觅食算法具有显著提高。

在本节所提出的 NBFO 算法中,小生境半径 σ_0 的确定非常关键。如果 σ_0 太大则不足以发现某些重要个体,从而会漏掉部分极值点;如果 σ_0 太小则会形成过多小生境,增加不必要的局部极值点,从而增大计算量,降低算法效率。另外在实际优化问题中,经常会出现峰值的宽度、高度和形状不同的情形,往往需要设置不同形状的小生境。如何根据具体情况设置不同形状的小生境以及如何自适应调整小生境的半径,进一步提高 NBFO 的优化性能,可以作为作者下一步的研究工作。

6.4　遗传—细菌觅食混合优化算法

遗传(GA)算法已被提出超过 40 年,其理论和应用的研究成果颇为丰富,已经成功地应用于不同领域的众多问题,但随着科学技术的进步,问题的规模不断扩大,复杂度难度增加,对 GA 求解质量和运行速度都提出了更高的要求,GA 在处理这些问题时往往都显得"力不从心"。

相对于遗传算法而言,细菌觅食算法中的聚集操作可以加强菌群中的信息反馈,并且四个操作可以保证产生的新个体均为优良个体,而遗传算法中的交叉和变异算子不能保证产生的新个体是优良个体,从而求最优解精度不够高。鉴于此,本节考虑将遗传算法和细菌觅食算法结合,提出遗传—细菌觅食混合优化算法(GA—BFO 算法)。

6.4.1　遗传算法的基本思想

遗传算法的基本思想是:模拟自然界优胜劣汰的进化现象,把搜索空间映射为遗传空间,把可能的解编码组成一个向量——染色体,染色体群一代一代不断进化,包括复制、交叉和变异等操作,通过不断计算各染色体的适应值,选择最好的染色体,获得最优解。

6.4.2　细菌觅食算法与遗传算法的比较

1.BFO 算法和 GA 算法的相同点

(1)都属于智能仿生算法。BFO 算法模拟大肠杆菌的觅食行为,而 GA 算法则借用生物进化过程中的"适者生存"规律。

(2)都具有全局搜索能力。在寻优区域内都随机地产生初始种群,因而算法在全局的寻优区域进行搜索,并将搜索重点集中于性能高的部分,从而能够提高效率且不易陷入局部极小。

(3)都根据个体的适配信息进行搜索,无需其他信息,如连续性、可导性等,因此不受函数约束条件的限制。

(4)BFO 算法中的迁徙操作和 GA 算法中的变异操作都具有随机性。

(5)搜索过程都是从问题解的一个集合开始,而不是从单个个体开始,具有隐含并行搜索特性,从而大大减小了陷入局部极小的可能性,并且可以提高算法效率。

(6)对复杂问题,都往往不可避免地会遇到早熟收敛和收敛性能差的缺点,无法保证一定能够收敛到全局最优点。

2.BFO 算法和 GA 算法的不同点

(1)BFO 算法中的细菌由于聚集操作的存在,先会小范围聚集后向最优区域聚集,然后所有细菌聚集在最优区域;而在 GA 算法中,染色体之间互相共享信息,使得整个种群都向最优区域移动。

(2)BFO 算法中的细菌经过健康度函数的比较然后复制,同时将比较之后的最优结果保留了下来;而在 GA 算法中,以前的知识随着种群的改变被破坏。

(3)BFO 算法中的四个操作可以保证产生的新个体都是优良个体;而遗传算法的诸多算子中,除选择算子可以保证选出的都是优良个体之外,变异算子和交叉算子不能保证产生的新个体是优良个体。这两个算子仅仅是引入了新的个体,如果产生的个体不够优良,引入的新个体就成为干扰因素,反而会减慢遗传算法的进化速度。

(4)在收敛方面,GA 算法已经有了比较成熟的收敛性分析方法,并且可以对收敛速度进行估计;而对 BFO 算法的行为分析和收敛性证明仍处于初步研究阶段。

(5)GA 算法的编码技术和遗传操作比较简单;而 BFO 算法相对于 GA 算法,没有交叉和变异操作,细菌只是复制和迁徙行为更新,因此原理更简单、更易实现、收敛速度更快。

(6)在应用方面,BFO 算法主要应用于连续问题;而 GA 算法除了连续问题外,还可以应用于离散问题,比如工作车间调度等。

6.4.3 GA—BFO 算法的基本思想

遗传算法具有大范围快速全局搜索的能力,但对系统中的反馈信息利用不够,当求解到一定范围时往往做大量无为的冗余迭代,并且交叉和变异算子不能保证产生的新个体是优良个体,从而求精确解效率低。而细菌觅食算法中的聚集操作可以加强菌群中的信息反馈,并且四个操作可以保证产生的新个体均为优良个体,从而求解精度较高,但同时时间效率较低。鉴于此,本章将遗传算法和细菌觅食算法结合,汲取两种算法的优点,克服各自的缺陷,提出了遗传—细菌觅食混合优化算法(GA—BFO 算法),并期望该混合算法无论在时间效率上还是求解精度上,均优于两个单一算法,即获得优化性能和时间性能的双赢。

6.4.4 GA—BFO 算法的步骤及流程

GA—BFO 算法分为两大步骤:

Step1 采用遗传算法,充分利用遗传算法的快速性、随机性、全局收敛性,其结果是产生较优染色体位置分布;

Step2 采用细菌觅食算法,将 Step1 所产生的较优染色体位置作为细菌个体的初始位置,再充分利用细菌觅食算法的趋向、聚集、复制和迁徙操作,不断产生优良个体、更新较优位置分布,提高求解精度和效率。

GA-BFO 算法的流程如图 6.7 所示。

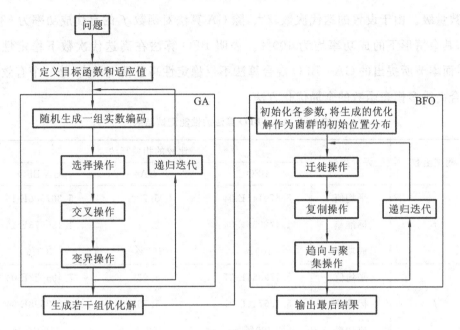

图 6.7　GA—BFO算法流程图

6.4.5　函数优化测试

采用第 6.2.5 节优化测试中的四个标准测试函数进行试验。本试验目的是比较本章提出的基于遗传算法和细菌觅食算法的混合优化算法(GA—BFO)与标准细菌觅食优化算法(BFO)和遗传算法(GA)对这 4 个基准函数在高维且多峰情况下的优化精度。基于此,4 个测试函数的维度设置为 30 维。此外,为了提高算法的精度,迭代总次数设为 10^7。用 GA—BFO 算法分别对上述 4 个高维多峰函数独立运行 50 次寻优。评价标准有优化均值、标准差、最优值和成功率四项指标。

各算法的参数设置:

BFO 中细菌总数 $S=50$,趋向次数 $N_c=40$,复制次数 $N_{re}=4$,迁徙次数 $N_{ed}=2$,游动次数 $N_s=3$,游动步长 $C=10^{-5}$,迁徙概率 $P_{ed}=0.25$;GA 算法采用舍菲尔德 GATBX 工具箱算法,其中选择率 0.9,交叉率 0.7,变异率 0.08。

　　4 种算法在以上 4 个函数上的测试次数均为 50 次。在迭代步数一致的情况下,阈值设定根据维度而增加。4 种算法在 4 个函数维度为 30 维时的测试结果如表 6.4 所示。

　　由表 6.4 可知,4 种算法中,GA 算法的整体性能表现最差,BFO 算法的整体性能较好,而 GA—BFO 混合算法的性能最优。无论单峰函数还是多峰函数,GA—BFO 混合算法在求解精度方面,都明显高于单一的 GA 算法和 BFO 算法几个数量级。由于设置的迭代次数较大,除 GA 算法对函数 f_4 的寻优成功率为 63% 外,其余情形下的成功率均为 100%。表明 BFO 算法在高迭代次数下稳定性较好,而本节所提出的 GA—BFO 混合算法不仅稳定性高且精度最高,是一个有效的适合高维多模态函数的全局优化方法。

表 6.4　GA—BFO 算法的性能测试结果

测试函数	评价指标	比较的相关算法		
		BFO	GA	GA-BFO
f_1	平均值	5.670141E-04	5.72	5.307506E-15
	标准差	1.472038E-04	2.07	4.190673E-16
	成功率	100%	100%	100%
f_2	平均值	3.179854E-01	6.93	7.495433E-04
	标准差	5.156742E-01	1.56	3.352398E-04
	成功率	100%	100%	100%
f_3	平均值	2.485691E-03	2.842309E-01	0
	标准差	4.460721E-04	1.43	0
	成功率	100%	100%	100%
f_4	平均值	5.609637E-02	3.740152 E-01	4.413287E-03
	标准差	2.995026E-02	0.569	1.996135E-03
	成功率	100%	63%	100%

　　另外,算法的收敛性是检测算法性能的重要指标,在此以函数 f_2 和 f_4 为例进行说明。随机选取三种算法分别对函数 f_2 和 f_4 的一次运行结果,收敛曲线如图 6.8 和图 6.9 所示。从图中以可看出,GA—BFO 混合算法无论是寻优精度还是搜索效率上都优于 GA 和 BFO 这两个单一算法,的确获得了优化性能和时间效率的双赢。

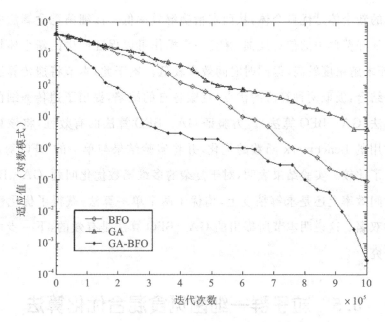

图 6.8　基于 f_2 的三种算法收敛曲线图

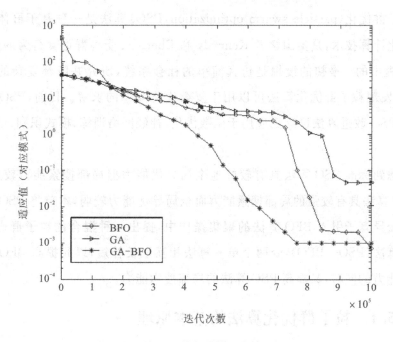

图 6.9　基于 f_2 的三种算法收敛曲线图

6.4.6　小结

遗传算法具有大范围快速全局搜索的能力,但对系统中的反馈信息利用不够,当求解到一定范围时往往做大量无为的冗余迭代,并且交叉和变异算子不能保证产生的新个体是优良个体,从而求精确解效率低。而细菌觅食算法中的聚集操作可以加强菌群中的信息反馈,并且四个操作可以保证产生的新个体均为优良个体,从而求解精度较高,但同时时间效率较低。鉴于此,本节将遗传算法和细菌觅食算法结合,汲取两种算法的优点,克服各自的缺陷,提出了遗传—细菌觅食混合优化算法(GA—BFO 算法)。为验证 GA—BFO 算法的有效性,将该算法应用于几个常用的 Benchmark 函数的优化,并将实验结果与单一的 BFO 算法和 GA 算法进行了比较。实验结果表明,对于复杂的多维函数优化问题,GA—BFO 算法无论在时间效率上还是求解精度上,均优于两个单一算法,获得了优化性能和时间性能的双赢。这说明本节所提出的 GA—BFO 算法是有效的,下一步可以考虑其应用研究。

6.5　粒子群—细菌觅食混合优化算法

粒子群优化(particle swarm optimization,PSO)算法是一种基于群体智能方法的演化计算技术,是美国学者 Kennedy 和 Eberhart 受鸟群觅食行为的启发,于 1995 年提出的。最初的设想是仿真简单的社会系统,研究并解释复杂的社会行为,后来发现粒子群优化算法可以用于复杂优化问题的求解。目前,PSO 算法以及多种 PSO 改进算法已广泛应用于函数优化、神经网络训练、模式识别、模糊控制等领域。

考虑到标准 PSO 算法具有较好地全局寻优能力但局部搜索能力较差,相反的,BFO 算法具有较强的局部搜索能力而全局寻优能力较弱,本节将 PSO 算法作为一个变异算子引入 BFO 算法的聚集操作中,提出一种混合的粒子群—细菌觅食优化算法(PSO—BFO),令两个单一算法相互取长补短,以此提高 BFO 算法全局搜索能力的同时,又提高 PSO 算法的局部搜索能力。

6.5.1　粒子群优化算法的基本原理

PSO 算法通过将解空间初始化为一群随机粒子(随机解),然后经过迭代找到最优解。在每一次迭代中,粒子通过两种经验来更新自己。一种是自己的飞行经验,也就是粒子经历过的最好位置(最好的适应值),即本身所找到的最优解,称为"局部最优(pbest)";另一种是同伴的飞行经验,也就是群体所有粒子经历过的最好位置,即整个种群目前找到的最优解,称为"全局最优(gbest)"。

设目标搜索空间为 D 维,粒子的群体规模为 m,粒子 i 的位置表示为 $x_i = (x_{i1}, x_{i2}, \cdots, x_{iD})^T$,速度为 $v_i = (v_{i1}, v_{i2}, \cdots, v_{iD})^T$。在找到上述两个最好解后,粒子根据式(6.17)和式(6.18)来更新自己的速度和位置。则速度和位置更新方程为

$$v_{id}^{k+1} = wv_{id}^k + c_1 \mathrm{rand}_1^k(\mathrm{pbest}_{id}^k - x_{id}^k) + c_2 \mathrm{rand}_2^k(\mathrm{gbest}_d^k - x_{id}^k) \qquad (6.17)$$

$$x_{id}^{k+1} = x_{id}^k + v_{id}^{k+1} \qquad (6.18)$$

其中,w 称为惯性权重系数,W 起着权衡全局优化能力和局部优化能力的作用。Shi 等学者研究发现,较大的 w 可以加强 PSO 的全局搜索能力,而较小的 w 可以加强局部搜索能力。

6.5.2　粒子群优化算法的优缺点

通过前文的分析和相关文献对标准 PSO 算法的研究,标准 PSO 算法的主要优点有:

(1)原理简单,容易实现;

(2)算法通用性强,不依赖于问题信息;

(3)群体搜索,并具有记忆能力和全局种群的最优信息;

(4)协同搜索,同时利用个体局部信息和群体全局信息指导搜索,全局优化能力较强。

标准 PSO 算法的主要缺点有:

(1)算法局部搜索能力较差,搜索精度不够高;

(2)搜索算法对参数具有一定的依赖性;

(3)利用式(6.17)和式(6.18)更新自己的速度和位置,本质是利用本身、个体极值和全局极值 3 个信息来指导粒子下一步迭代位置。这实际上是一个正反馈过程,当本身信息和个体极值信息占优势时,该算法很容易陷入局部最优解,不能绝对保证搜索到全局最优解。

6.5.3　PSO—BFO 算法的基本思想

BFO 算法除了具备 PSO 算法的优点之外,一个最为突出的特点是具有较强的局部搜索能力。BFO 中的趋向操作具有变方向搜索特性,在同一方向前进步数后,可以根据适应值的变化决定是否继续沿该方向搜索,这样大大提高了局部搜索能力,具有较高的搜索精度。BFO 算法的主要缺点是全局搜索能力不强,通过

聚集操作交换群体信息,没有对菌群最优信息的记忆功能,而 PSO 算法却能在搜索中记忆个体和群体的最优信息。

鉴于以上分析,本节将 PSO 算法作为一个变异算子引入 BFO 算法的聚集操作中,提出一种混合的粒子群—细菌觅食优化算法(PSO—BFO)。其基本思想为:先由 PSO 算法完成全局空间的搜索,记忆个体和群体的最优信息,将每一个粒子都看成是细菌,再由 BFO 算法的趋向和聚集操作完成局部搜索的功能,以此提高 BFO 算法全局搜索能力的同时,又提高 PSO 算法的局部搜索能力。

这里,PSO 算法作为变异算子,去除了式(6.17)速度更新算法中的个体认知部分,仅使用社会认知部分,即群体信息的共享部分,如式(6.19)。同时,将通过 PSO 变异算子得到的群体信息加入到位置更新方程中,如式(6.20)。其目的是利用 PSO 算法的记忆功能提高 BFO 算法的全局搜索能力和搜索效率。

$$v_{id}^{k+1} = wv_{id}^k + c_2 \text{rand}_2^k (\text{gbest}_d^k - x_{id}^k) \tag{6.19}$$

$$\theta^i(j+1,k,l) = \theta^i(j,k,l) + v_{id}^{k+1} \tag{6.20}$$

6.5.4 PSO—BFO 算法的步骤及流程

1. PSO—BFO 算法的基本步骤如下:

Step1 初始化 PSO 算法中的各参数:m、v_{max}、w、c_1、c_2。

Step2 初始化 BFO 算法种的各参数:p、S、N_c、N_s、N_{re}、N_{ed}、P_{ed}、C、θ^i。

Step3 计算粒子群的适应值,初始化 pbset$_i$、gbest。

Step4 细菌翻转搜寻最优位置,同时按式(6.19)和式(6.20)更新菌群的位置 $\theta^i(j+1,k,l)$,并计算菌群的适应值 $J(i,j+1,k,l)$,即

$$J(i,j+1,k,l) = J(i,j,k,l) + J_{cc}(\theta^i(j+1,k,l), P(j+1,k,l))$$

Step5 判断菌群的适应值是否得到改善,若改善则继续进行下一步;否则转到第4步。

Step6 执行趋向、聚集操作循环。

Step7 执行复制操作循环。

Step8 执行迁徙操作循环。

Step9 判断是否满足最大迭代次数,是则结束;否则转到 Step4。

2. PSO—BFO 算法的流程

PSO—BFO 算法的流程如图 6.10 所示。

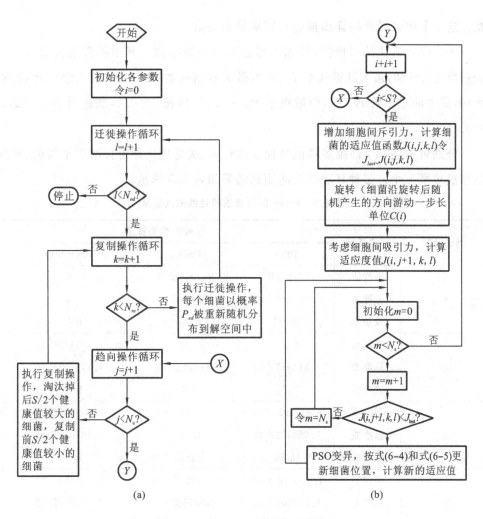

图 6.10   PSO—BFO 算法流程框图

6.5.5   函数优化测试

为了检验 PSO—BFO 算法的性能,将该算法与标准 BFO 算法、标准 PSO 算法进行了比较。本节采用 f_3、f_4、f_6 和 f_7 这 4 个常用标准测试函数进行试验。这几个典型的标准函数都具有全局极小点,用它们来比较各种算法的性能是合适的。其中 f_6 是一个相对比较简单的单峰函数,大多数算法都能够轻松地达到优化效果,其主要用于测试算法的寻优精度。f_4 和 f_3 都是具有大量局部最优点的复杂多峰函数,很容易使算法陷入局部最优,而不能得到全局最优解。其中 f_4 由于全局最优值落在边缘上而给算法增加了寻优难度。函数 f_3 随着维数的增加,局部最优的范围越来越窄,从而找寻全局最优值就会变得相对容易。f_7 含有一个随机噪声的变量,通常用来衡量优化算法在处理混有大量噪声的单峰测试函数时的性能。这 4 个测试函数的详细描述和图形见本书附录。

为了保证算法的可比性,各相关算法取相同的参数。其中种群规模 $S=100$,变量维度 $n=50$,最大迁徙代数 $N_{ed}=2$,最大复制代数 $N_{re}=10$,最大趋向代数 $N_c=10$,最大前进步数 $N_s=4$,驱散概率 $P_{ed}=0.25$,步长 $c=0.2$,加速因子 $c_2=2$,$w=0.75$。

分别对上述 4 个高维多峰函数独立运行 30 次寻优。评价标准有平均值、标准差和成功率三个。三种算法的性能测试结果如表 6.5 所示。

表 6.5　PSO—BFO 算法的性能测试结果

测试函数	评价指标	比较的相关算法		
		BFO	PSO	PSO-BFO
f_3	平均值	1.661848E-02	9.982028E-01	0
	标准差	5.264714E-03	1.670399E-01	0
	成功率	100%	80%	100%
f_4	平均值	4.70	1.54	7.495433E-15
	标准差	8.214369E-01	1.956810E+00	4.372953E-16
	成功率	30%	40%	100%
f_6	平均值	7.817895E-03	5.36	3.253709E-32
	标准差	1.083472E-03	1.73	7.469012E-33
	成功率	100%	20%	100%
f_7	平均值	1.160578E-01	3.039642E+01	5.631482E-02
	标准差	3.852409E-02	1.3420763E-02	2.720357E-02
	成功率	80%	60%	100%

由表 6.5 可知,无论单峰函数还是多峰函数,PSO—BFO 混合算法在求解精度方面,都明显优于单一的 PSO 算法和 BFO 算法。此外对 4 个测试函数,PSO—BFO 混合算法每一次试验都能够找到全局最优解,而 PSO 算法和 BFO 算法却多次寻优失败,表明本节所提出的 PSO—BFO 混合算法稳定性较高。

另外,算法的收敛性是检测算法性能的重要指标,在此以函数 f_3 和 f_4 为例进行说明。随机选取三种算法分别对函数 f_3 和 f_4 的一次运行结果,收敛曲线如图 6.11 和图 6.12 所示。

由图 6.11 和图 6.12 可知,PSO—BFO 混合算法在较少的迭代次数内就准确地收敛到全局最优点,其收敛速度明显快于 BFO 算法和 PSO 算法。

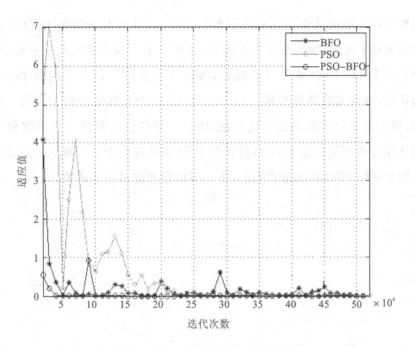

图 6.11 基于 f_3 的三种算法收敛曲线图

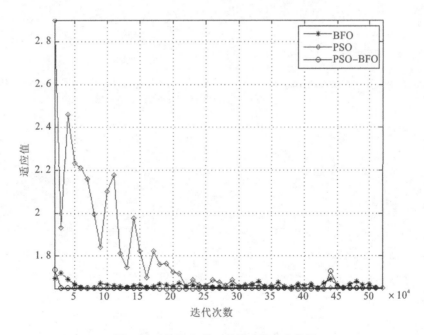

图 6.12 基于 f_4 的三种算法收敛曲线图

6.5.6 小结

本节将 PSO 算法作为一个变异算子引入 BFO 算法的聚集操作中,提出一种混合的粒子群—细菌觅食优化算法(PSO—BFO 算法),充分发挥 BFO 算法的局部搜索能力和 PSO 算法的全局搜索能力,令两个单一算法相互取长补短、优势互补。为验证 PSO—BFO 算法的有效性,将该算法应用于几个常用的 Benchmark 函数的优化,并将实验结果与单一的 BFO 算法和 PSO 算法进行了比较。实验结果表明,对于复杂的多维函数优化问题,PSO—BFO 混合算法在全局收敛可靠性和收敛速度方面明显地优于 BFO 算法和 PSO 算法这两个单一算法。这说明本节所提出的 PSO—BFO 算法是有效的,下一步可以考虑其应用研究。

第7章 细菌觅食优化算法在神经网络训练中的应用

近十几年来,人工神经网络(Artificial Neural Network,ANN)一直是科学界的研究热点,上百种神经网络模型被提出,其应用涉及模式识别、联想记忆、信号处理、自动控制、组合优化、故障诊断及计算机视觉等众多方面,取得了令人瞩目的进展。其中,误差后向传播(Back Propagation,BP)网络的应用最为广泛和成功。但由于 BP 神经网络采取基于梯度下降搜索的学习方法,所以收敛速度慢且容易陷入局部最优。

近年来,随着进化计算研究热潮的兴起,人们逐渐将进化计算与 ANN 相结合,利用各种进化方法去训练 ANN。由于进化算法具有较强的全局收敛能力和较强的鲁棒性,且不需要借助问题的特征信息,如导数等梯度信息,比起基于梯度的 BP 学习算法,无论是精度还是速度都有了很大的提高。然而,作为一种仿生的随机算法,进化计算本身又具有不可克服的缺陷。比如进化计算中研究最为充分的遗传算法,虽然该算法可以用来求解各类复杂问题,但总是难以克服过早收敛的缺点,同时在采用遗传操作进化时,需要的控制参数过多,尤其是在优化 ANN 时,优化过程总是难以控制。因此,为 ANN 的优化寻求更简单、更有效地全局优化算法,是优化领域中的一个研究热点。

针对这种情况,本章将 BFO 算法这一简单、有效的随机搜索算法用来优化ANN,提出一种结合 BFO 算法的改进型 BP 网络(BFO—BP 网络),最后将其用于悬臂梁结构损伤诊断的数值仿真研究中,并与基本的 BP 网络计算结果进行比较。

7.1 神经网络基本理论

7.1.1 人工神经元模型

人的大脑由 100 亿～150 亿个生物神经元构成,而其中的每一个神经元又与 1万～10 万个其他神经元相连接,如此构成了一个庞大的三维空间神经元网络(即神经网络)。神经元不但是组成大脑的基本单元,而且也是大脑进行信息处理的基础元件。所以,建立大脑的数学模型,必须从神经元入手。人们经过长期的研究总结出了神经元的几个重要特性,并据那些特性得到了如图 7.1 所示的生物神经元模型。图 7.1 中,$f(\cdot)$ 为非线性函数;$x_1,x_2,\cdots,x_n$ 为与神经元相关的 n 个输入信息;y_1 为输出结果;$w_{j1},w_{j2},\cdots,w_{jn}$ 为 $x_1,x_2,\cdots,x_n$ 相应的权重系数;θ_j 为输出阀值。

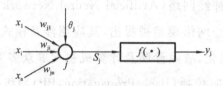

图 7.1　神经元模型示意图

神经元模型的数学表达式为

$$y_j = f(S_j) \tag{7.1}$$

$$S_j = \sum_{i=1}^{n} w_{ji} x_i - \theta_j = W_j X - \theta_j \tag{7.2}$$

式中,列向量 X 是输入向量,行向量 W_j 为单元 j 的连接权向量,S_j 表示神经元的输入。如果将阈值 θ_j 也视为神经元的第 0 个输入,其数值 $x_0 = -1$,$w_{j0} = \theta_j$,则式(7.2)还可以表示为

$$S_j = \sum_{i=0}^{n} w_{ji} x_i \tag{7.3}$$

非线性函数 $f(\cdot)$ 称为激活函数,其作用是模拟生物神经元所具有的非线性转移特性。常用的激活函数有以下几种类型,如图 7.2 所示。

1. 阈值型函数

$$f(x) = \begin{cases} 1 & x \geqslant 0 \\ 0 & x < 0 \end{cases} \tag{7.4}$$

2. 线性函数

$$f(x) = x \tag{7.5}$$

3. S 型函数

S 型函数通常是在 $(0,1)$ 或 $(-1,1)$ 内连续取值的单调可微函数,常用指数函数或双曲正切函数。

$$f(x) = \frac{1}{1 + e^{-x}} \tag{7.6}$$

$$f(x) = \tanh(\beta x) \tag{7.7}$$

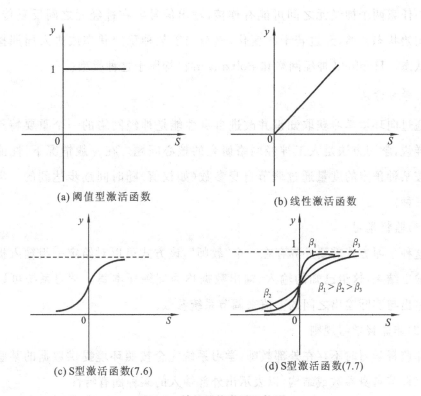

(a) 阈值型激活函数

(b) 线性激活函数

(c) S型激活函数(7.6)

(d) S型激活函数(7.7)

图 7.2　神经网络激活函数图

7.1.2　网络结构及学习方法

神经网络是大量简单神经元高度错综复杂连接而成的网络系统。单元特性、拓扑结构、规律是确定一个网络的三要素。

1. 网络结构

由简单的神经元可以按不同模型构成各种不同拓扑结构的神经网络。根据不同的连接方式,神经网络可以分成两类:

(1)前向网络。前向型神经网络是整个网络体系中最常见的一种网络结构。神经元分层排列,组成输入层、隐含层和输出层。每一层的神经元只接受前一层神经元的输入,网络中没有反馈,可以用一个有向无环路图表示。其信息处理能力来自于简单非线性函数的多次复合。网络结构简单,易于实现。例如广泛使用的 BP 网络就属于此类型。

(2)相互连接型网络(全互连或部分互连)。在这类网络中,多个神经元相互连接组成一个互连神经网络,又可以分成反馈型神经网络和自组织型神经网络。

网络中任意两个神经元之间可能有连接,输出信号要在神经元之间反复传递,从某一初始状态开始,经过若干次变化,逐渐趋于某种稳定状态或进入周期振荡等其他状态。Hopfield 神经网络和 Boltzmann 机均属于这种类型。

2. 学习方法

通过向环境学习获取知识并改进自身性能是神经网络的一个重要特点。可以这样说,学习方法是人工神经网络研究的核心问题。在一般情况下,性能的改善是按某种预定的度量通过调节自身参数(如权值)随时间逐步达到的。学习方式有三种:

(1)监督学习

这种学习方式需要外界存在一个"教师",该方式可以对给定一组输入提供应有的输出结果,这组已知的输入、输出数据称为训练样本集。学习系统可以根据已知输出与实际输出之间的差值来调节系统参数。

(2)非监督学习规则

非监督学习时不存在外部教师,学习系统完全按照环境提供数据的某些统计规律来调节自身参数或结构,以表示出外部输入的某种固有特性。

(3)强化学习

强化学习介于上述两种情况之间,外部环境对系统输出结果只给出评价信息而不给出正确答案,学习系统通过强化那些受奖的动作来改善自身的性能。

7.1.3　BP 神经网络及算法

BP(Error Back Propagation)神经网络是 Rumelhart 和 McClelland 于 1986 年提出的,且已成为至今应用最为广泛和成功的一种神经网络。网络不仅有输入层节点、输出层节点,而且还有隐含层节点(可以是一层或多层)。其上下层之间各神经元实现完全连接,即下层的每一个单元与上层的每一个单元都实现权连接,而每层各种神经元之间无连接。当一对样本学习模式提供给网络后,神经元的激活值从输入层经中间层向输出层传播,在输出层的各神经元获得网络的输入响应。在此之后,按减小希望输出与实际输出误差的方向,从输出层经各中间层逐层修正各连接权,最后到输入层。随着这种误差逆向传播修正的不断进行,网络对输入模式响应的正确率也不断上升。由于 BP 算法网络增加了中间隐含层并有相应学习规则可循,使其具有对非线性模式的识别能力,特别是对数学计算方法明确、步骤分明的学习,更具有广泛的应用前景。

典型的 BP 网络有三层,即输入层、隐含层(中间层)和输出层,各层之间实现完全连接,如图 7.3 所示。

隐含层神经元的激活函数一般选用式(7.6)中的 S 型函数。

BP 网络训练是典型的有导师学习,其训练算法是对简单的 δ 学习规则的推广和发展。在 BP 网络训练过程中,输出层单元与隐含层单元的误差计算是不同的,最终的权值修正公式可以统一表示为

$$\left.\begin{aligned} w_{ji}(t+1) &= w_{ji}(t) + \Delta w_{ji}(t) \\ \Delta w_{ji}(t) &= \eta \delta_j o_i \end{aligned}\right\} \tag{7.8}$$

$$\delta_j = \begin{cases} f'(net_j)(y_j - o_j), & \text{对于输出层单元} \\ f'(net_j)\sum_k \delta_k w_{kj}, & \text{对于隐含层单元} \end{cases} \tag{7.9}$$

式中,w_{ji} 和 $\Delta w_{ji}(t)$ 分别为神经元 j 和 i 在时刻 t 的权值和权值变化量;η 为网络学习率;o_i 为神经元 i 的输出;δ_j 和 net_j 分别为神经元 j 的误差和总输入;y_j 与 o_j 分别为输出层神经元 j 的期望输出和实际输出。

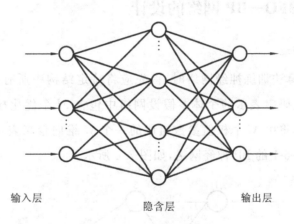

图 7.3 三层 BP 网络结构图

尽管 BP 算法在网络训练过程中非常有用,但是该算法有两个主要缺陷:收敛缓慢和易陷入局部极小点。针对这一问题,目前国内外不少学者提出了许多改进算法。综合起来主要有三种:一是基于梯度下降法的改进,如动态算法、可变学习速度的反向传播算法和学习速率的自适应调节算法;二是基于数值计算的改进,如最小二乘法、牛顿法和 LM 算法等;三是混合算法,如 BP 算法和模糊算法、遗传算法、动态算法,或与其他算法的混合。

7.2 利用 BFO 算法训练 BP 神经网络

根据优化理论中著名的"无免费午餐定理"(No Free Lunch Theorem,NFL),任何算法都不是万能的,BP 神经网络和 BFO 算法也不例外。众所周知,BP 神经网络收敛速度慢、容易陷入局部极小点,但由于基于梯度下降的搜索机制,BP 神经网络的局部寻优能力较强。反之,BFO 算法虽能相对较快地到达最优值点附近,但如果其趋向步长 C 固定且取值较大,则细菌会跨过最优值点,从而导致算法收敛速度慢或者难以找到全局最优值点。此外,BFO 算法的优点也很显著:该算法具有群体智能算法的并行全局搜索特性,且其复制、迁徙操作能有效的避免算法陷入局部极小值点。鉴于此,本节尝试将 BFO 算法的复制和迁徙操作作为学习策略添加到 BP 神经网络训练过程中,构建混合型 BFO—BP 网络,令传统 BP 网络和标准 BFO 算法相互取长补短。

7.2.1 BFO—BP 网络的设计

1.问题的描述

采用 BFO 算法训练神经网络时,首先应将特定结构中所有神经元间的连接权值编码成实数码串表示的个体。假设网络中包含 M 个优化权值(包括阈值在内),则每个个体将由 M 个权值参数组成的一个 M 维向量来表示。例如,给定一个网络结构为 6-6-1 的 BP 神经网络,如图 7.4 所示。

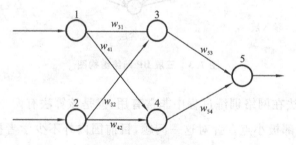

图 7.4　简单 BP 神经网络

网络中包括 6 个连接权,分别是$\{w_{31},w_{32},w_{41},w_{42},w_{53},w_{54}\}$,令 $x_1= w_{31}$,$x_2= w_{32}$,$x_3= w_{41}$,$x_4= w_{42}$,$x_5= w_{53}$,$x_6= w_{54}$,则细菌群中的个体 i 可以用一个六维向量表示,即

$$\text{Bacteria}(i) = \{ x_1,x_2,x_3,x_4,x_5,x_6 \} \tag{7.10}$$

此时，上式细菌个体结构中的每一个元素，即代表神经网络中的一个权值。

$$BacteriaMatrix = [Bacteria(1), Bacteria(2), \cdots, Bacteria(S)] \quad (7.11)$$

其中，S 是细菌的总个数。

2. 菌群初始化

根据细菌群规模，按照上述个体结构随机产生一定数目的个体（细菌）组成种群，其中不同的个体代表神经网络的一组不同权值。

3. 神经网络的训练和细菌的评价

将细菌群中每一个体的分量映射为网络中的权值，从而构成一个神经网络。对每一个体对应的神经网络，输入训练样本进行训练。网络权值的优化过程是一个反复迭代的过程。通常为了保证所训练的神经网络具有较强的泛化能力，在网络的训练过程中，往往将给定的样本空间分为两部分：一部分作为训练样本，称为训练集；另一部分作为测试样本，称为测试集。而在权值优化过程中，每进行一次训练，都要对给定的样本集进行分类，以保证每次训练时采用的训练集均不相同。计算每一个网络在训练集上产生的均方误差（MSE），以此作为目标函数。

4. BFO—BP 网络模型计算

Step1 利用 BP 算法完成每一个体对应的神经网络权值的优化训练。

Step2 计算每一网络的 MSE 作为网络的适应值。

Step3 复制操作：清除适应值较差的半数网络，复制适应值较优的半数网络，且复制的子代网络与父代网络具有相同的结构和网络权值。

Step4 迁徙操作：为保持网络多样性，以一定概率 p_{ed} 选择部分网络重新赋予初始权值。

Step5 循环计算，即经过指定次数的训练、复制和迁徙，将整个网络模型中具有最优适应值（或最小 MSE）的网络权值保存。

5. 算法的终止条件

当目标函数值（MSE）小于给定误差时，算法停止。

7.2.2　BFO—BP 网络的算法流程

用 BFO 算法训练 BP 神经网络的具体流程如图 7.3 所示。

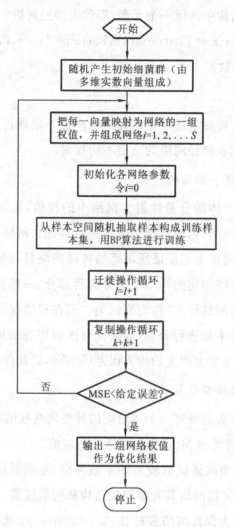

图 7.5　BFO—BP 网络的算法流程框图

7.3　基于神经网络的结构损伤诊断

7.3.1　结构损伤诊断概述

结构物的损伤诊断是实际工程中力学的"反"问题，它是近年来十分热门的研究课题。随着现代空间结构的大型化、复杂化的发展趋势，损伤诊断技术的研究具有重大意义。据相关资料统计，我国正在使用的结构物中约有 1/3 以上存在不同程度的损伤，有许多结构已经进入正常使用的后期。若不采取措施，在未来 20 年内我国将至少有 1/2 以上的结构由于安全度过低而不能正常使用，且一旦突发灾害性事件(如地震、台风、洪水等)导致结构突然失效,必将造成人员伤亡和巨大的经济损失。因此,为了保证结构的安全,就需要一个有效的结构健康监测和损伤检测方法,使损伤积累在尚未威胁到结构安全之前就能够被检测出来,从而对损伤结构给予及时修复,保障结构的安全运行。

结构损伤的诊断是实际工程中比较棘手的问题。这些大型复杂结构如航天飞机、高楼大厦、离岸结构、新型桥梁、大跨度网架结构等在拉压、冲击或疲劳等荷载作用下,易产生裂纹、纤维脱黏或断裂等多种形式的损伤。这些损伤隐蔽在结构内部,损伤类型和程度难以判断,较难进行实时检测。目前,传统的损伤检测方法有目测诊断法、电磁诊断法、超声波诊断法、射线诊断法和CT扫描诊断法等。其中,目测诊断法被广泛使用,但其仅依靠观察者的经验来检测,难以发现隐蔽的结构损伤。射线诊断法、电磁诊断法、超声波诊断法、CT扫描等都属于局部检测法,需要事先知道损伤的近似位置,仅适用于小型结构物的损伤检测,而且这些方法所使用的仪器笨重、复杂、费用昂贵、维护和维修周期较长,无法对结构进行实时检测。所以,上述检测方法都难以准确地诊断出结构损伤的位置和程度。

近20年来,基于振动模态分析的损伤检测以其经济性、高效性和结构动态响应的全局性等优点成为了国内外的研究热点,为此,众多的国内外专家学者对其进行了深入研究,提出了大量方法,取得了很大的研究进展·其损伤检测的基本原理是:结构一旦出现损伤,结构参数将随之发生变化,导致结构的动力响应特性也相应变化,从而使结构显示出与正常结构相区别的动态特性。以结构的动态特性为"健康"状况的识别指标,根据这些指标的变化就可以推断出结构损伤的状况。但在实际应用过程中,以上方法往往存在需要求解复杂的、计算量大的数学反问题以及由于随机、模糊和信息不完备等因素的影响而造成的实测数据不准、测试数据不足等问题和运算速度慢、误判等情况,这些对实时在线结构监测来说是致命的,只有提高反演速度和准确性,才能使结构损伤监测真正被应用到实际中去。

神经网络技术在诊断中应用起步较晚,但由于神经网络具有良好的非线性映射能力、强大的解决反问题的能力、实时的计算能力和推广能力,在结构损伤检测与诊断中很受欢迎。研究结果表明应用神经网络技术可以有效克服由不完全测量和反演问题所带来的困难。

结构损伤诊断过程按顺序可以分为三个阶段:损伤报警、损伤定位和损伤程度识别。损伤报警是检测结构是否发生了损伤;损伤定位是指对结构损伤位置的确定;损伤程度识别是在已经确定了损伤位置的情况下识别结构的损伤程度。一旦确定结构有损伤后,下一步就需要对结构损伤进行定位。许多学者已在不计测量误差(即认为振动测试结果是确定的)的情况下,采用神经网络技术成功地识别了结构的损伤位置。但实际上,结构的振动测试必然会受到环境噪声的影响,因而实际检测到的结构振动特性、响应等参数是不确定的。

7.3.2　悬臂梁数值算例

本节将在有测试噪声情况下,通过复合材料悬臂梁的数值模拟算例,来检验本章所提出的 BFO—BP 神经网络方法的优越性。这里,仅研究损伤定位。

首先,建立损伤位置的识别模式。利用有限元法将悬臂梁分为 1~20 总共 20 个单元,21 个节点。如图 7.6 所示的一根矩形悬臂梁,结构完好时的参数如下:长 200mm,截面宽 10mm,高 2mm;泊松比 $\mu_{12}=0.26$,$\mu_{13}=0.26$,$\mu_{23}=0.52$;材料弹性模量 $E_1=38.6\mathrm{GPa}$,$E_2=8.27\mathrm{GPa}$,$E_3=8.27\mathrm{GPa}$;剪切模量 $G_{12}=4.14\mathrm{GPa}$,$G_{13}=4.14\mathrm{GPa}$,$G_{23}=3.10\mathrm{GPa}$;材料密度 $\rho=1033\ \mathrm{kg/m^3}$。结构的损伤其实质是结构局部刚度或质量的损失,假定结构某一单元的损伤只引起单元刚度的下降而不引起单元质量的改变,为了简化计算,通常假设结构的损伤是通过降低单元弹性模量 E 的方法进行模拟,并用弹性模量值 EI 的降低模拟实际结构中损伤单元的刚度下降。

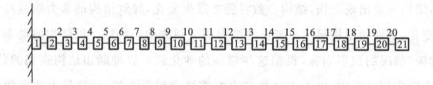

图 7.6　复合材料悬臂梁结构的有限元模型

1.损伤位置模式样本的产生

采用图 7.6 中的有限元模型,以单元 2、4、6、8、10、12、14、16、18 共 9 个单元为例来模拟产生其损伤模式情况。

输入参数的选择对基于神经网络的结构损伤检测非常重要,输入参数应该选择对结构损伤比较敏感的特征因子。本节结合改进的损伤定位指标与标准化应变模态差的"组合损伤指标"作为网络的输入特征参数 X,进行结构的损伤位置的识别。即

$$X = \{x_1, x_2, \cdots\}$$

$$= \{IFCR_1, \cdots, IFCR_m, NSMC_1, \cdots, NSMC_n\} \quad (7.12)$$

式中，$IFCR_i(i=1,2,\cdots,m)$ 和 $NSMC_j(j=1,2,\cdots,n)$ 分别为改进的损伤定位指标和标准化应变模态差指标。

根据式(7.12)，选取 25 个模态参数构成神经网络的输入向量，即悬臂梁的前 5 阶改进的损伤定位指标与 20 个标准化后的应变模态差指标。其中，20 个标准化的应变模态差指标为第 1 阶应变模态在 20 个点处的损伤前后的标准化的应变模态差，这 20 个点是有限元模型中的第 2~21 节点。图 7.7 为 9 个损伤模式的无噪声标准化的应变模态差指标。表 7.1 为前 5 阶无噪声时改进的损伤定位指标。

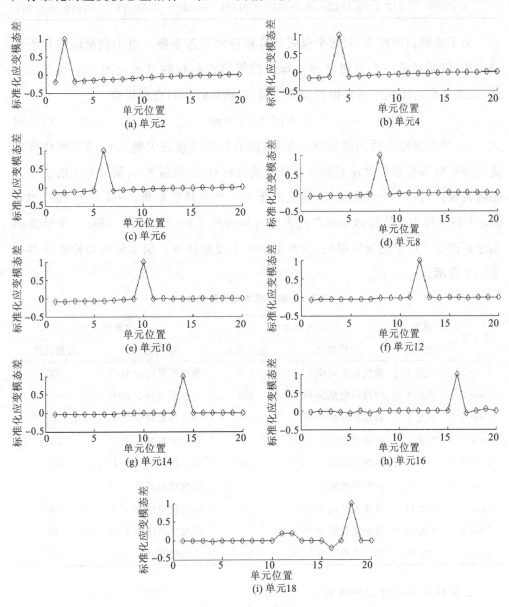

图 7.7　9 个损伤模式的标准化应变模态差曲线图

表 7.1　前 5 阶无噪声时改进的损伤定位指标

阶数	损伤模式								
	单元 2	单元 4	单元 6	单元 8	单元 10	单元 12	单元 14	单元 16	单元 18
1	0.002972	0.000329	0.000739	0.000146	0.000167	0.000043	0.000027	0.000004	0
2	0.060361	0.00082	0.00406	0.00667	0.023004	0.012508	0.014008	0.00317	0.000411
3	0.21118	0.013237	0.22901	0.056263	0.007411	0.034882	0.17741	0.085604	0.017575
4	0.2707	0.21258	0.63184	0.024198	0.65241	0.17247	0.10099	0.39457	0.16958
5	0.45479	0.77303	0.13435	0.91272	0.31701	0.7801	0.70757	0.51665	0.81243

为了得到训练样本,对每个模式计算相应的模态参数。由于测量误差是不可避免的,因而对每一个损伤序列在理论计算模态参数的基础上加一个相互独立的、正态分布的随机序列来模拟实测数据,即按式(7.13)进行模拟。

$$y_i = y_i^a \times (1 + \varepsilon R) \tag{7.13}$$

式中,y_i 是叠加噪声后的测量模态参数(固有频率或模态矢量);y_i^a 是某损伤模式类的理论分析模态参数;ε 是损伤噪声程度指标;R 是均值为 0、偏差为 1 的正态分布随机数。对每一个损伤序列,随机产生 100 个测量数据集,一共产生 $100 \times 9 = 900$ 个训练样本。检验样本的产生方法与训练样本的产生方法一样,每个检验损伤序列产生 100 个测量数据集,共产生 900 个检验样本。训练样本和检验样本如表 7.2 所示。

表 7.2　训练样本和检验样本

样本号	损伤单元	训练样本		检验样本	
		损伤描述	数据长度	损伤描述	数据长度
Case 1	单元 2	弹性模量减少 50%	100	弹性模量减少 10%	100
Case 2	单元 4	弹性模量减少 50%	100	弹性模量减少 20%	100
Case 3	单元 6	弹性模量减少 50%	100	弹性模量减少 20%	100
Case 4	单元 8	弹性模量减少 50%	100	弹性模量减少 30%	100
Case 5	单元 10	弹性模量减少 50%	100	弹性模量减少 30%	100
Case 6	单元 12	弹性模量减少 50%	100	弹性模量减少 20%	100
Case 7	单元 14	弹性模量减少 50%	100	弹性模量减少 10%	100
Case 8	单元 16	弹性模量减少 50%	100	弹性模量减少 10%	100
Case 9	单元 18	弹性模量减少 50%	100	弹性模量减少 30%	100

2. 损伤定位的神经网络模型

如前所述,构造一个三层的 BP 网络,悬臂梁损伤定位的 BP 网络的输入层为前5阶改进的损伤定位指标和在20个点处的第1阶标准化应变模态差指标,其中神经元个数为25。每一个训练样本作为隐层中1个神经元,则隐层中神经元的数目为900。输出层有9个神经元,只有1个神经元的输出为1,其余的均为0。隐层采用式(7.6)中的S型激活函数,输出层采用线性激活函数 purelin。

BP网络其他参数设置为:训练最大循环次数 epoch=1000;期望最小训练误差 goal=10^{-3};采用变学习速率 BP 算法。

BFO—BP网络采用和BP网络相同的网络结构和相同的参数设置,另外,取网络复制次数 $N_{re}=8$;网络驱散概率 $p_{ed}=0.125$。

3. 损伤定位的识别结果

分别用BP网络模型和BFO—BP网络模型对噪声程度 ε 在 $1\%\sim5\%$ 共五种情况下的损伤样本进行了损伤定位研究,识别结果如表7.3所示。

表7.3 BP网络模型和BFO—BP网络模型的识别结果

ε	损伤单元号	2	4	6	8	10	12	14	16	18	IA
	检验样本	100	100	100	100	100	100	100	100	100	(%)
1%	BP	62	75	74	86	82	73	64	68	81	73.9
	BFO-BP	100	100	100	100	100	100	100	100	100	100
2%	BP	35	37	34	48	43	42	35	39	40	39.2
	BFO-BP	86	93	94	98	96	94	85	89	95	92.1
3%	BP	17	28	23	39	25	23	19	17	24	23.9
	BFO-BP	79	83	87	90	88	83	80	75	87	83.5
4%	BP	9	15	12	21	13	11	10	8	12	12.3
	BFO-BP	63	64	67	78	76	65	57	62	70	68
5%	BP	6	10	9	14	8	7	7	5	8	8.2
	BFO-BP	42	58	49	52	69	43	48	42	51	55.7

从表7.3中的网络仿真结果可以看出,在同一噪声水平情况下,相对BP网络而言,BFO—BP网络的损伤定位效果有较大优势。另外,对于这两种不同的网络模型来说,随着噪声的增大,损伤定位识别精度IA都减少。但与BP网络相比较,BFO—BP网络损伤位置识别的精度下降幅度较小,当 $\varepsilon=3\%$ 时,BFO—BP网络损伤定位识别结果仍具有较高精度(IA=83.5%),而此时,BP网络损伤定位的识别精度仅有23.9%。

7.4　本章小结

　　针对 BP 算法因最速梯度下降的搜索机制局部寻优能力强,而全局寻优能力弱、易陷入局部极小点以及 BFO 算法因固定趋向步长等原因局部搜索慢,而全局寻优能力强、易跳出局部极小点的特征,本章将两种算法取长补短、优势互补,在 BP 神经网络的训练中嵌入 BFO 算法的复制和迁徙操作,提出了一种改进的 BP 神经网络模型(BFO—BP 神经网络模型),用该模型来优化神经网络连接权值。为检验所提出的改进模型的优越性,将 BFO—BP 神经网络模型和 BP 神经网络模型同时应用于力学经典反问题——复合材料悬臂梁的损伤定位的数值仿真研究,并将两种模型的研究结果进行了对比。仿真结果表明:BFO—BP 神经网络模型的损伤定位识别精度比 BP 神经网络模型的损伤定位识别精度高得多;在处理具有不确定信息的损伤定位领域中,BFO—BP 神经网络模型具有良好的发展前景,今后也可以尝试将该模型应用于其他研究领域。

第8章 细菌觅食优化算法在混沌动力学系统参数辨识中的应用

自 1962 年 Zadeh 提出"辨识"概念以来,系统辨识作为一门新兴科学迅速发展并广泛应用于国防、工业、生态、经济等研究领域。系统辨识可以定义为:通过测取研究对象在人为、输入作用下的输出响应或正常运行时的输入输出数据记录,加以必要的数据处理和数学计算,确定一个与所测系统等价的模型。在现代工业生产中,往往要求用更为精确的数学模型来模拟生产过程。为了与实际生产情况相吻合,一般采用非线性结构数学模型而且需要用实际观测数据对模型的参数进行估计。经典的优化方法常常用于对模型参数的估计,但其往往只对某种类型的问题有效,同时要求辨识模型具有连续、可导等特性,这给应用带来了不少困难。

由于细菌觅食优化算法是模拟生物特性的智能计算方法,不需要被优化问题具有可微、可导和连续性等特性,且该算法具有全局优化搜索的能力,因此本章将细菌觅食优化算法应用于动力学系统参数估计的研究,同时为了保证算法的全局优化能力并且保证较高的参数辨识精度,本章在 BFO 算法数值仿真中均采用第 3 章中提出的基于灵敏度和分布估计的 EDA—BFO 算法进行参数辨识,且为书写简便,将 EDA—BFO 算法简记为 BFO 算法。

8.1 混沌系统未知参数辨识概述

系统辨识主要包括两个方面的内容:一是根据数据确定动力学系统的阶或结构,二是估计动力学方程中的未知参数。系统辨识的早期工作可以追溯到 16 世纪德国天文学家 Kepler 根据火星观测记录,采用观测比较法发现了行星运行三大定律的工作和 18 世纪德国数学家 Gauss 采用最小二乘法研究行星轨道的预测工作。20 世纪 60 年代以来,一些过去以定性研究为主的自然科学,迫切需要建立被研究对象的数学模型。电子计算机的发展促使采用数字系统仿真技术变得非常广泛,所有这些工作,使得通过实验建立系统数学模型的系统辨识在近 50 年内得以迅速发展并形成了一门新兴学科。目前,系统辨识是国际学术界一个很活跃的研究分支。从1967年起国际自动控制联合会(IFAC)每3年召开一次国际性的辨识与参数估计讨论会。历届IFAC辨识会议均吸引了众多相关学科的科学家和工程师。在第七届IFAC大会以后,系统辨识方面的注意力主要集中在对非线性系统的辨识上。

动力学系统辨识是系统辨识学科中的一个重要分支。动力系统辨识问题是动力学系统分析研究的逆问题,该研究利用动力学系统在试验和运行中测得的输入/输出数据,采用系统辨识技术,建立反映动力学系统本质特性的数学模型,并估计出模型中的待定参数。在系统模型已知的情况下,系统辨识问题就成为了参数辨识问题。

实际上,混沌系统的参数辨识也是物理学、控制理论和通信科学研究领域的一个重要课题。比如:在混沌保密通信方面,一般是将混沌系统的参数作为密钥,还有一些通信方案是通过混沌系统的参数调制来传递信息,所以,混沌系统参数辨识的研究对改进混沌保密通信方案和混沌密码分析的发展也有着重要的意义。

对于混沌系统的参数辨识目前也得到了广泛的关注。主要有基于Lyapunov稳定性理论的同步辨识方法,基于同步的优化方法,基于未知参数观测器的参数辨识方法,统计学方法和其他方法,等等。

2001年,关新平等学者将未知参数看成是系统的状态变量,提出了未知参数观测器的参数辨识方法对Lorenz混沌系统的第三个方程中的参数进行了辨识。随后,吕金虎用相同的方法辨识了Chen混沌系统的第三个方程中的参数。陆君安仍用该方法对Lü混沌系统中第二个方程中的参数进行了辨识。J. Liu等学者对统一混沌系统中的参数进行了辨识。该方法收敛速度较快,没有涉及较复杂的理论,设计也较直观,但上述文献中所辨识的参数仅限于混沌系统微分方程中线性部分系数矩阵的对角元,没有涉及一般位置的未知参数,应用受到很大的限制。

G. L. Baker等学者提出基于最小二乘法的混沌系统参数辨识方法,并以Rossler混沌系统和混沌摆进行了仿真和抗噪声测试。该方法利用系统的微分方程模型和混沌系统的状态矢量系列构造一个包含未知参数的最小二乘函数,再利用数值计算方法算出相应的状态变量的导数,最后利用最小二乘法得出各未知参数的估计公式。V. F. Pisarenko和D. Somrette在2004年讨论了将一些标准统计方法(如最小二乘法、极大似然法等)用于包含观察噪声的低维混沌系统的参数估计问题,并以Logistic映射为例进行了仿真。

U. Parlitz 以 Lorenz 混沌系统为例,利用自同步方法,对模型已知的混沌系统的未知参数进行了估计。该方法的前提是当响应系统的参数和驱动的参数完全相同时,在驱动信号的作用下两系统能实现同步,即所有条件 Lyapunov 指数都是负的。另外,参数自适应律设计是该方法的关键,但文中没有给出关于参数自适应律的一般方法,而是通过拟设函数来处理的,很难把握。

P. Palaniyandi 和 M. Lakshmanan 通过在参数待估计的混沌系统中引入一些控制常数构造一个修改的系统,然后从修改的系统和原系统的关系中得到非线性代数方程组,最后利用原系统的状态矢量系列,通过求解非线性代数方程组得出系统的参数和控制常数。他们在这两篇文献中分别讨论了该方法对连续混沌系统和离散混沌系统参数的估计问题,并给出了相应的实例和数值仿真。Suarez—Castanon 基于输出的连续积分构造了蔡氏系统的状态变量和参数。

从系统角度出发,线性系统参数辨识理论已经趋于成熟。目前研究工作多集中于复杂非线性系统和混沌系统以及随机系统的参数辨识的研究。从研究方法的角度来看,传统的系统辨识方法虽然发展得比较成熟和完善,但仍存在许多问题,例如:由数学家 Gauss 于 1795 年首先提出的最小二乘法是系统参数辨识中最基本同时也是发展最成熟和完善的方法,但基于该方法的系统辨识一般要求输入信号已知并且必须具有较丰富的变化,对线性系统具有较好的辨识结果,但对非线性系统往往得不到满意的辨识结果;普遍存在着不能同时确定系统的结构与参数以及往往得不到全局最优解的缺点。此外,极大似然算法、卡尔曼滤波算法等也是早年得到广泛应用的传统的系统辨识方法.

近年来利用智能优化算法进行混沌系统参数辨识也受到了广泛的关注.如:Ponznyak 利用神经网络理论对混沌系统的未知参数辨识和控制问题进行了研究;戴栋利用遗传算法对混沌系统进行参数估计,并以典型的 Lorenz 系统为例进行了研究;Chang 利用进化算法对 Rossler 系统的参数进行了辨识;李丽香利用蚁群优化算法对混沌系统的参数进行了辨识,并以 Logistic 映射和 Lorenz 系统进行了仿真;高飞利用改进型粒子群优化算法对混沌系统参数进行了估计,并用 Lorenz 系统进行了仿真。

8.2　BFO 算法辨识动力学系统参数

设含有待辨识参数的动力学系统状态方程为

$$\dot{x} = G(x;\theta) \tag{8.1}$$

其中，$x=(x_1,x_2,\cdots,x_n)^T\in \mathbf{R}^n$ 是这个动力学系统的状态变量，$\dot{x}$ 是状态变量 x 的导数，$\theta=(\theta_1,\theta_2,\cdots,\theta_m)$ 是系统的未知参数。

利用细菌觅食算法辨识参数 $\theta=(\theta_1,\theta_2,\cdots,\theta_m)$ 时，欲辨识参数为 $\theta=(\hat{\theta}_1,\hat{\theta}_2,\cdots,\hat{\theta}_m)$，菌群中的每一维即为需要辨识的参数，算法的步骤如下：

Step1 初始化：在每个参数的限定范围内随机产生初始种群中的 N 个个体 P_i $(i=1,2,\cdots,N)$，t 是迭代次数，每个参数取值的上、下限，一般根据已有和经验给定。

Step2 计算适应值：设第 t 代第 i 个个体 P_i 所对应的状态变量为 $(x_1(P_i^{(t)})$, $(x_2(P_i^{(t)}),\cdots,x_n(P_i^{(t)}))$。然后根据测得系统状态变量 $(x_1(t),(x_2(t),\cdots,x_n(t))$，计算相应的误差作为细菌的适应值，即

$$F_i = \sum_{t=0}^{T}\left[(x_1(P_i^{(t)})-x_1(t))^2+(x_2(P_i^{(t)})-x_1(t))\cdots+(x_n(P_i^{(t)})-x_n(t))^2\right]$$

$$\tag{8.2}$$

Step3 寻优：对当前种群按照 BFO 算法寻优。

Step4 停止条件判断：若 $k\leqslant$ MAXITER，则停止；否则 $k=k+1$，回到 Step2，MAXITER 为设定的最大迭代次数。

系统的参数辨识问题转化为利用 BFO 算法搜索合适的参数 $\theta=(\hat{\theta}_1,\hat{\theta}_2,\cdots,\hat{\theta}_m)$ 的数值，使得目标函数（8.2）全局最小化的问题。在数值仿真中利用 Matlab 程序采用四阶龙格—库塔算法求解常微分方程（8.1），步长 $h=0.01$。利用 BFO 求解时，先让系统自由演化，在经历过一段暂态过程之后任意选取一点作为初值，并以此为 0 时刻，由此初值出发再任其演化至 $T=100h$ 时刻，得到具有未知参数的动力学系统在离散时间序列 $0h,1h,\cdots,100h$ 上的一组标准状态变量值 $(x_1(t),x_2(t),\cdots,x_n(t))$。

8.3 基于 BFO 的无噪声混沌系统参数辨识

8.3.1 Lorenz 混沌系统参数辨识

Lorenz 混沌系统是 E. N. Lorenz 于 1963 年在解释流体中的湍流现象的过程中所提出的一个表现"蝴蝶"奇异吸引子的动力系统，即

$$\begin{cases} \dot{x}_1 = a(x_2 - x_1) \\ \dot{x}_2 = (c - x_3)x_1 - x_2 \\ \dot{x}_3 = x_1 x_2 - bx_3 \end{cases} \tag{8.3}$$

其中,当参数 $a=10, b=8/3, c=28$ 时,式(8.3)所示的系统是混沌的。图 8.1 为 Lorenz 系统的演化过程。设 Lorenz 系统参数 a, b, c 未知,利用 BFO 算法进行参数辨识。

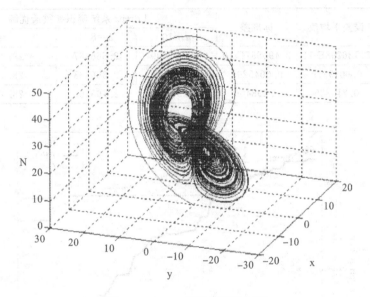

图 8.1　Lorenz 混沌吸引子相图

1. 算法参数设置

所有算法的迭代次数设为 50 次,运行次数设为 30 次,变量范围 $a \in [5, 15], b \in [0, 3], c \in [10, 40]$。

BFO 算法设置:细菌数为 30,趋向次数 $N_c = 40$,复制次数 $N_{re} = 4$,迁徙次数 $N_{ed} = 2$,游动次数 $N_s = 3$,游动步长 $C = 0.001R$(R 为优化区间的宽度),迁徙概率 $P_{ed} = 0.25$;(与第 3 章相同)

PSO 算法设置:粒子数为 30,惯性权重 $w = 0.729$,学习因子 $c_1 = c_2 = 1.49$,$v_{max} = [10, 30, 1]$;

GA 算法设置:个体总数为 30,交叉概率 $p_c = 0.8$,变异概率 p_m 随着种群向前进化,从 0.01 逐步增大至 0.6,采取最优策略:将最优值直接传到下一代。

2. 数值仿真及结果分析

表 8.1 列出了三种算法对 Lorenz 系统参数辨识的结果。从表 8.1 中可以看

出 BFO 算法得到的最优解是最好的,基本上已经接近实际参数值。而且 BFO 算法的误差平均值和标准差远远小于另外两个算法,这也说明算法得到的参数精度非常高。图 8.2 是三种算法的收敛曲线,可以看出 BFO 算法收敛速度和精度是三个算法中最好的。为了更好对比三个辨识参数的结果,图 8.3 给出了不同参数和相应的实际值之间的相对误差。从图 8.3 可以看出,利用 BFO 算法辨识得到三个参数的相对误差都是最小的。

表 8.1   三种算法的误差分析及最优解

算法	误差平均值	标准差	Lorenz 系统辨识参数最优解		
			$a=10$	$b=8/3$	$c=28$
BFO	5.136298E-11	3.490837E-10	9.9999999	2.666667	28.000000
PSO	0.0019379	0.0045299	9.9999104	2.666868	28.000317
GA	0.215385	0.298406	9.995112	2.665362	28.000010

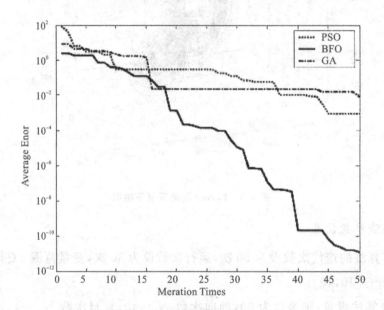

图 8.2   三种算法收敛速度比较

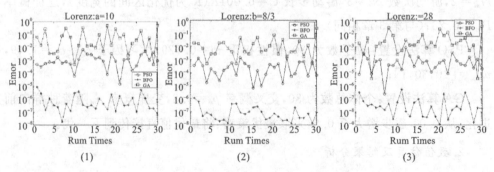

图 8.3   Lorenz 系统辨识参数与实际值的相对误差

8.3.2 Chen 混沌系统参数辨识

Chen 于 1999 年在混沌系统反控制的研究中发现了一个新的系统,随后,该系统被命名为 Chen 系统。该系统是一个非线性动力系统,表示为

$$
\begin{cases}
\dot{x}_1 = a(x_2 - x_1) \\
\dot{x}_2 = (c-a)x_1 - x_1x_3 + cx_2 \\
\dot{x}_3 = x_1x_2 - bx_3
\end{cases}
\tag{8.4}
$$

其中,当参数 $a=35, b=3, c=28$ 时,式(8.4)所示的系统是混沌的。图 8.4 是 Chen 系统的演化过程。尽管 Chen 系统看上去与 Lorenz 系统结构相似,但实际上由于 Chen 系统比 Lorenz 系统多出一项,两者的拓扑结构并不等价。设 Chen 系统参数 a, b, c 未知,利用 BFO 算法进行参数辨识。

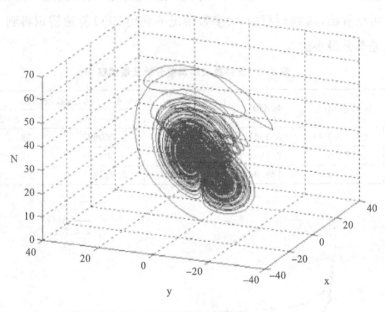

图 8.4 Chen 混沌系统

1.算法参数设置

所有算法的迭代次数设为 200 次,运行次数设为 30 次,变量范围 $a \in [20, 50], b \in [1,6], c \in [10,40]$。

BFO 算法设置:细菌数为 30,趋向次数 $N_c = 40$,复制次数 $N_{re} = 4$,迁徙次数 $N_{ed} = 2$,游动次数 $N_s = 3$,游动步长 $C = 0.001R$(R 为优化区间的宽度),迁徙概率

$P_{ed}=0.25$。

PSO 算法设置：粒子数为 30，惯性权重 $w=0.729$，学习因子 $c_1=c_2=1.49$，$v_{max}=[30,3,30]$。

GA 算法设置：个体总数为 30，交叉概率 $p_c=0.8$，变异概率 p_m 随着种群向前进化，从 0.01 逐步增大至 0.6，采取最优策略：将最优值直接传到下一代。

2. 算法参数设置

表 8.2 列出了三种算法对 Chen 系统参数辨识的结果。从表 8.2 中可以看出 BFO 算法得到的最优解是最好的，而且 BFO 算法的误差平均值小于另外两个算法，但标准偏差比 PSO 算法高。图 8.5 是三种算法的收敛曲线，可以看出 PSO 算法和 BFO 算法收敛速度和精度远远好于 GA 算法，一开始 BFO 算法的误差略高于 PSO 算法，但到了迭代后期 BFO 算法是三个算法中最好的。为了更好地对比三个辨识参数的结果，图 8.6 给出了不同参数和相应的实际值之间的相对误差。从图 8.6 可以看出，30 次运行中，大多数情况下利用 BFO 算法辨识得到三个参数的相对误差都是最小的。

表 8.2　三种算法的误差分析及最优解

算法	误差平均值	标准差	Chen 系统辨识参数最优解		
			$a=35$	$b=3$	$c=28$
BFO	1.3509	3.6541	35.00209	3.000027	28.009159
PSO	1.7176	2.1645	34.783951	3.000978	27.895262
GA	133.61	189.99	31.142857	2.937378	26.197802

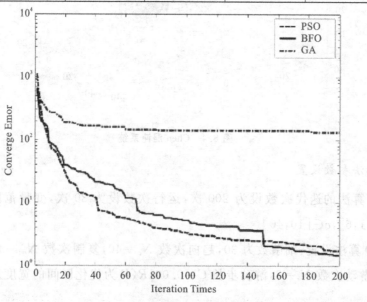

图 8.5　三种算法收敛速度比较

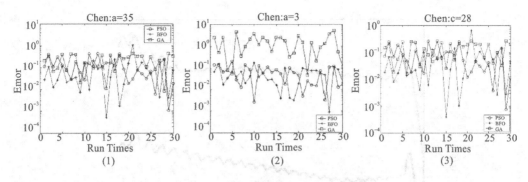

图 8.6　Chen 系统辨识参数与实际值的相对误差

8.4　基于 BFO 的有噪声混沌系统在线参数辨识

为检验算法的有效性，考虑实际系统可能受到噪声的影响，对 Lorenz 系统标准状态变量(x,y,z)叠加在$[-0.1,0.1]$上随机分布的噪声，并利用 BFO 算法对参数 a,b,c 进行估计。

由于混沌系统的特性，即使参数估计结果与真实值非常接近，也仅能在短时间内有意义。随着系统的长时间演化，估计参数所表征系统与真实系统之间的误差将增大。图 8.7 给出了系统在无噪声和有噪声情况下，参数所表征的系统$(x^{'},y^{'},z^{'})$与真实系统(x,y,z)间误差 $p^2=(x^{'}-x)^2+(y^{'}-y)^2+(z^{'}-z)^2$ 随时间演化的结果。

由图 8.7 可以看出，即使估计参数与真实值很接近，经过长时间演化，两系统之间的误差增大到不容忽视的地步。因此，在实际辨识中必须对混沌系统的参数进行在线校正，不断修正估计结果。具体步骤如下：

Step1 从初始点开始，用四阶龙格—库塔算法求解混沌系统，步长 $h=0.01$，$T=30h$。

Step2 用 BFO 算法求解出当前的系统待辨识参数的估计。

Step3 以当前待辨识参数的估计值带入到系统，计算出其轨迹$(T=30h)$，把最后一个点作为初始点，并以此为 0 时刻，由此初值出发再任其演化至 $T=30h$ 处，同时叠加在$[-0.1,0.1]$上随机分布的噪声，这样就得到下一组未知参数的混沌系统在离散时间序列上的一组标准状态变量值(x,y,z)。

Step4 重复上述步骤，从而实现对混沌系统的参数进行在线校正。

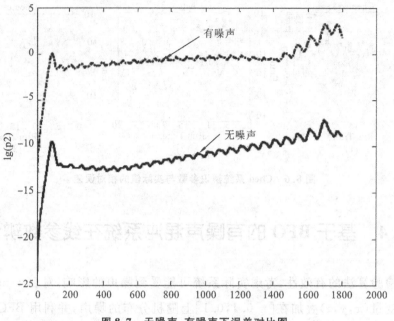

图 8.7　无噪声、有噪声下误差对比图

8.4.1　Lorenz 混沌系统在线参数辨识

1. 算法参数设置

所有算法的迭代次数设为 1000 次,运行次数设为 30 次,变量范围 $a \in [5, 15]$,$b \in [0,3]$,$c \in [10,40]$。

BFO 算法设置:与第 8.3.1 节中的设置相同。

PSO 算法设置:粒子数为 30,惯性权重 w 从 0.9 线性较小到 0.5,学习因子 $c_1 = c_2 = 2$,$v_{max} = [5,15,1.5]$。

GA 算法设置:与第 8.3.1 节中的设置相同。

2. 数值仿真及结果分析

表 8.3 列出了三种算法对有噪声的 Lorenz 系统进行在线参数辨识的结果。从表 8.3 中可以看出 BFO 算法得到的最优解的精度比 PSO 算法和 GA 算法都要高,基本上已经接近实际参数值。通过标准差可以看出 BFO 的偏差最小,说明 BFO 算法的稳定性也好于 PSO 算法和 GA 算法。图 8.8 给出了三种算法 30 次独立运行在线辨识结果和相应的实际值之间的误差,可以看出基于 BFO 算法在线辨识得到的三个参数的误差绝大多数情况下都是最小的,进一步说明 BFO 算法的稳定性更优于其他算法。图 8.9 给出了 BFO 算法分别在无噪声、有噪声但不在

线参数辨识和有噪声且在线参数辨识三种情形下的系统误差对比图,可以看出在叠加噪声的情形下,基于 BFO 算法的在线估计方法可以有效降低误差。将表 8.3 与表 8.1 相比较,可以看出即使存在噪声 BFO 算法在线辨识 Lorenz 系统的最优值精度比无噪声情形下还要好,这说明在线辨识方法可以显著提高 Lorenz 系统参数的辨识精度。

表 8.3　存在噪声时三种算法在线辨识 Lorenz 系统的结果

算法	Lorenz 系统辨识参数								
	$a = 10$			$b = 8/3$			$c = 28$		
	最优值	平均值	标准差	最优值	平均值	标准差	最优值	平均值	标准差
BFO	10.00002	9.99985	0.0063	2.66675	2.66632	0.0011	28.00128	28.00276	0.0023
PSO	10.01914	9.98986	0.0740	2.66665	2.66392	0.0289	28.00367	27.99493	0.0031
GA	10.07477	10.59049	1.3554	2.66593	2.65402	0.0232	27.99798	27.32673	2.0949

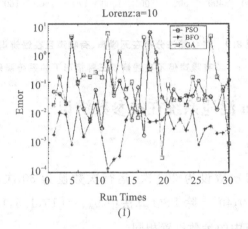

(1)

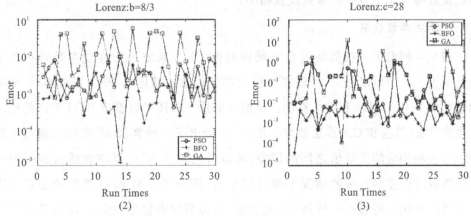

(2)　　　　　　　　　　　　　(3)

图 8.8　存在噪声时,在线辨识 Lorenz 系统参数与实际值的误差

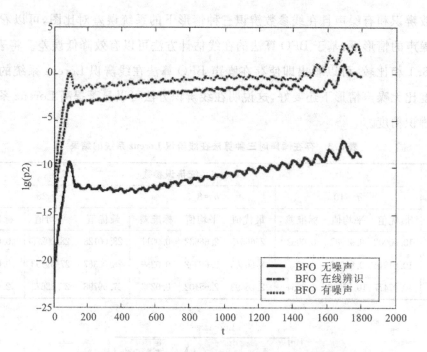

图 8.9　BFO 算法分别在无噪声、有噪声且在线辨识、

有噪声但不在线辨识三种情形下的系统误差对比

8.4.2　Chen 混沌系统在线参数辨识

1. 算法参数设置

所有算法的迭代次数设为 200 次,运行次数设为 30 次,变量范围 $a \in [20, 50]$, $b \in [1,6]$, $c \in [10,40]$。除 PSO 算法中 $v_{\max} = [15,1.5,15]$ 外,其他各算法的参数设置与 8.4.1 节中的参数设置相同。

2. 算法参数设置

表 8.4 列出了三种算法对存在噪声时的 Chen 系统进行在线参数辨识的结果。从表 8.4 中可以看出 BFO 算法得到的最优解的精度与 PSO 算法相近,但平均值要优于 PSO 算法和 GA 算法。从标准差这一项还可以看出 BFO 算法的稳定性也比 PSO 算法和 GA 算法要好。图 8.10 给出了三种算法 30 次独立运行在线辨识结果和相应的实际值之间的误差,可以看出基于 BFO 算法在线辨识得到的三个参数的误差绝大多数情况下都是最小的,进一步说明 BFO 算法的稳定性更优于其他算法。将表 8.4 与表 8.2 相比较,可以看出即使存在噪声 BFO 算法在线辨识 Chen 系统的最优值精度比无噪声情形下还要好,这说明在线辨识方法可以显著提高 Chen 系统参数辨识精度。

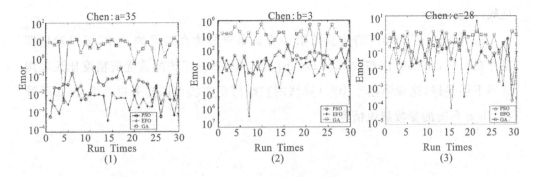

图 8.10　存在误差时,在线辨识 Chen 系统参数与实际值的误差

表 8.4　存在噪声时三种算法在线辨识 Chen 系统的结果

算法	Lorenz 系统辨识参数							
	$a=35$			$b=3$			$c=28$	
	最优值	平均值	标准差	最优值	平均值	标准差	最优值	平均值
BFO	35.00067	35.00013	0.0105	2.99995	2.99769	0.0012	28.00008	28.00076
PSO	35.00065	34.98735	0.1073	2.99864	2.99844	0.0073	27.99949	27.99292
GA	34.44746	33.51173	7.7215	2.98449	2.955194	0.2272	27.72881	26.98608

8.5　本章小结

混沌系统参数辨识在对参数未知、参数不匹配等混沌系统的控制和同步中占有相当重要的地位,但目前的研究还比较薄弱,方法不多,也没有非常成熟的方法,现有的方法在应用方面存在或多或少的局限性,都没有得到广泛使用。所以,改进现有的混沌系统参数辨识方法、或丰富混沌参数辨识的方法、或寻找更好的参数辨识方案都是混沌参数辨识领域有待研究的主要课题。

本章将 6.2.4 节中提出的改进型 BFO 算法用于 Lorenz 混沌系统和 Chen 混沌系统的参数辨识,得出以下结论:

首先,将 BFO 算法在不加噪声的情况下进行仿真实验,并且与 PSO 算法和 GA 算法进行比较。BFO 算法得到的参数结果均与实际值较为接近且都优于 PSO 算法和 GA 算法的参数结果,证明 BFO 算法是一种有效的参数辨识方法。

其次,为了验证算法的可靠性,考虑在混沌系统中加入白噪声,提出一种基于 BFO 算法的在线参数辨识方法,在叠加噪声的情况下进行仿真实验,仍然与 PSO 算法和 GA 算法进行比较。仿真结果证明该算法具有更高的辨识精度和更强的抗噪声能力。

　　最后,通过不加噪声的仿真结果和叠加噪声的仿真结果的对比,可以看出即使存在噪声,BFO 算法在线辨识 Lorenz 系统和 Chen 系统的最优值精度比无噪声情形下还要好,这说明基于 BFO 算法的在线辨识方法可以显著提高 Lorenz 系统和 Chen 系统的参数辨识精度。

参考文献

[1] Holland J H. Adaptation in natural and artificial system. Ann Arbor: The University of Michigan Press, 1975.

[2] Dorigo M. Optimization, learning and natural algorithms. Italy: Politecnico diMilano, Department of Electronics, 1992.

[3] Eberhart R C, Kennedy J. A new optimizer using particle swarm theory. Proc. on 6th International Symposium on Micromachine and Human Science. Piscataway, NJ: IEEEE Service Center, 1995: 39-43.

[4] 李晓磊. 一种新型的智能优化方法——人工鱼群算法: [博士学位论文]. 杭州: 浙江大学, 2003.

[5] Passino K M. Biomimicry of bacterial foraging for distributed optimization and control. IEEE Control Systems Magazine, 2002, 22: 52-67.

[6] Holland J H. Outline for a logical theory of adaptive system. Journal of the Association for Computing Machinery, 1962, 9(3): 297-328.

[7] Bagley J D. The behavior of adaptive systems which employ genetic and correlation algorithms. Doctoral dissertation, University of Michigan, 1967.

[8] Goldberg D E. Genetic algorithms in search, optimization & machine learning. Addison-Wesley, Reading MA, 1989.

[9] Dorigo, M. The ant system: Optimization by a colony of cooperating agents. IEEE Transactions on System, Man, and Cybernetics - Part B, 1996, 26(1): 1-13.

[10] Dorigo, M. Maniezzo V and Colorni A. The ant system: Optimization by a colony of cooperating agents. IEEE Transactions on Systems, Man, and Cybernetics - Part B, 1996, 26(1): 29-41.

[11] Jerne N K. Towards a nerwork theory of the immune system. Annual Immunology, 1974, 125C: 373-389.

[12] Farmer J D, Kauffman S A, Packard N H et al. Adaptive dynamic networks

as models for the immune system and autocatalytic sets. Perspectives in Biological Dynamics and Theoretical Medicine, Ann NY Acad Sci, 1987, 504:118. 131.

[13] Carter J H. The immune system as a model for pattern recognition and classification. Journal of the American Medical Informatics Association, 2000,7(1):28. 41.

[14] Castiglione F, Motta S, Nicosia G. Pattern recognition by primary and secondary response of an artificial immune system. Theory in Biosciences, 2001,120(2):93-106.

[15] White J A,Garrett S M. Improved pattern recognition with artificial clonal selection. Lecture Notes in Computer Science,2003,2787:181-193.

[16] Tang Z, Tashima K, Cao Q P. Pattern recognition system using a clonal selection based immune network. Systems and Computers in Japan, 2003, 34(12):56-63.

[17] Sarafijanovic S, Le Bouder J Y. An artificial immune system approach with secondary response for misbehavior detection in mobile and hoc network. IEEE Transactions on Neural Networka,2005,16(5):1076-1087.

[18] Gong M G,Du H F,Jiao L C et al. Immune clonal selection algorithm for multiuser detection in DS-CDMA systems. Lecture Notes in Artificial Intelligence,2004,3339:1219-1225.

[19] Aickelin U, Greensmith J, Twycross J. Immune system approaches to intrusion detection-A review. Lecture Notes in Computer Science, 2004, 3239:316-329.

[20] Freschi F, Repetto M. Multiobjective optimization by a modified artificial immune system algorithm. Lecture Notes in Computer Science,2005,3627: 248. 261.

[21] Du H F,Gong M G,Jiao L C et al. A nove algorithm of artificial immune system for high-dimensional function numerical optimization. Progress in Natural Science,2005,15(5):463-471.

[22] Farmer J D,Packard N H,Perelson A S. The immune system,adaptation, and machine learning. Physica D,1986,22(1-3):187-204.

[23] Hunt J E,Cooke D E. Learning using an artificial immune system. Journal of Network and Computer Application,1996,19:189-212.

[24] Glickman M,Balthrop J,Forrest S. A machine learning evaluation of an artificial immune system. Evolutionary Computation,2005,13(2):179-212.

[25] 吴庆洪,张纪会,徐心和.具有变异特征的蚁群优化算法.计算机研究与发展,1999,36(10):1240-1244.

[26] 高尚,钟娟,莫述军.连续优化问题的蚁群算法研究.微机发展,2003,13(1):21-22+69.

[27] 段海滨,马冠军,王道波等.一种求解连续空间优化问题的改进蚁群优化算法.系统仿真学报,2007,19(5):976-977.

[28] 李丽香.一种新的基于蚂蚁混沌行为的群智能优化算法及其应用研究:[博士学位论文].北京邮电大学,2006.

[29] 陈峻,章春芳.自适应的并行蚁群优化算法.小型微机计算机系统,2006,27(9):1695-1699.

[30] 杨勇,宋晓峰,王建飞等.蚁群优化算法求解连续空间优化问题.控制与决策,2003,18(5):573-576.

[31] 张勇德,黄莎白.多目标优化问题的蚁群优化算法研究.控制与决策,2005,20(2):170-176.

[32] 徐星,李元香,吴昱.基于扩散机制的双种群粒子群优化算法.计算机应用研究,2010,27(8):2882-2885+2898.

[33] 陆克中,王汝传,帅小应.保持粒子活性的改进粒子群优化算法.计算机工程与应用,2007,43(11):35-38.

[34] 王建林,薛尧予,于涛等.基于群能量恒定的粒子群优化算法.控制与决策,2010,25(2):269-272+277.

[35] 蔡昌新,张顶学.带邻近粒子信息的粒子群优化算法.计算机工程与应用,2009,45(18):40-42.

[36] 林楠.一种新型的动态粒子群优化算法.计算机应用研究,2011,28(3):935-937.

[37] 秦全德,李荣钧.基于生物寄生行为的双种群粒子群优化算法.控制与决策,2011,26(4):548.552+557.

[38] 李晓磊,邵之江,钱积新.一种基于动物自治体的寻优模式:鱼群算法.系统

工程理论与实践,2002,22(11):32-38.

[39] 李晓磊,钱积新.基于分解协调的人工鱼群优化算法研究.电路与系统学报,2003,8(1):1-6.

[40] 张梅凤.人工鱼群智能优化算法的改进及应用研究:[博士学位论文].大连理工大学,2007.

[41] 李晓磊,路飞,田国会等.组合优化问题的人工鱼群算法应用.山东大学学报(工学版),2004,34(5):65-67.

[42] 黄光球,姚玉霞,任燕.用鱼群算法求解多级递阶物流中转运输系统优化问题.计算机应用,2007,27(7):1732-1737.

[43] 马建伟,张国立,谢宏等.利用人工鱼群算法优化前向神经网络.计算机应用,2004,24(10):21-23.

[44] 李晓磊,薛云灿,路飞等.基于人工鱼群算法的参数估计方法.山东大学学报(工学版),2004,34(3):86-87.

[45] 李晓磊,冯少辉,钱积新等.基于人工鱼群算法的鲁棒 PID 控制器参数整定方法研究.信息与控制,2004,33(1):112-115.

[46] 刘耀年,庞松岭,刘岱.基于人工鱼群算法神经网络的电力系统短期负荷预测.电工电能新技术,2005,24(4):5-8.

[47] 刘双印.免疫人工鱼群神经网络的经济预测模型.计算机工程与应用,2009,45(29):226-229.

[48] Wu C,Zhang N,Jiang J,et al. Improved bacterial foraging algorithms and their applications to job shop scheduling problems. LNCS 4431: ICANNGA2007,2007:562-569.

[49] 张娜.细菌觅食优化算法求解车间调度问题的研究:[硕士学位论文].吉林大学,2007.

[50] 梁艳春,吴春国,时小虎等.群智能优化算法理论与应用.北京:科学出版社,2009.

[51] Mishra S. A hybrid least square-fuzzy bacterial foraging strategy for harmonic estimation. IEEE Trans on Evolutionary Computation,2005,9(1):61-73.

[52] Datta T,Misra I S,Mangaraj B B,et al. Improved adaptive bacteria foraging algorithm in optimization of antenna array for faster convergence. Progress

in Electromagnetics Research C,2008,1:143-157.

[53] Dasgupta S, Biswas A, Abraham A, et al. Adaptive computational chemotaxis in bacterial foraging optimization: An analysis. CISIS-2008, Barcelona,Spain:IEEE Computer Society Press,2008:66.71.

[54] Das S, Biswas A, Dasgupta S, et al. Bacterial foraging optimization algorithm:Theoretical foundations,analysis,and applications. Foundations of Compute Intel,2009,3:23-55.

[55] Chen H,Zhu Y,Hu K. Self-adaptation in bacterial foraging optimization algorithm. 2008 3rd International Conference on Intelligent System and Knowledge Engineering(ISKE 2008),2008:1026-1031.

[56] Shao Y,Chen H. The optimization of cooperative bacterial foraging. World Congress on Software Engineering,2009,2:519-523.

[57] Chen H,Zhu Y,Hu K,et al. Cooperative approaches to bacterial foraging optimization. LNCS 5227:ICIC,2008:541-548.

[58] Chen H,Zhu Y,Hu K. Cooperative bacterial foraging optimization. Discrete Dynamics in Nature and Society,2009:1-17.

[59] Shao Y, Chen H. A novel cooperative bacterial foraging algorithm. Proceedings of 2009 4th International Conference on Bio-Inspired Computing:Theories and Applications BIC-TA 2009,2009:46-47.

[60] Tang W J,Wu Q H,Saunders J R. A novel model for bacteria foraging in varying environments. LNCS 3980:ICCSA 2006,2006:556-565.

[61] Li M S,Tang W J,Tang W H,et al. Bacteria foraging algorithm with varying population for optimal power flow. LNCS 4448: Proc Evil Workshops,2007:32-41.

[62] Treaty M,Mishap S. Bacteria foraging-based to optimize both real power loss and voltage stability limit. IEEE Transactions on Power Systems, 2007,22(1):240-248.

[63] Liu Y,Passion K M. Biomimicry of social foraging bacteria for distributed optimization: models, principles, and emergent behaviors. Journal of Optimization Theory and Applications,2002,115(3):603-628.

[64] Biswas A,Dasgupta S,Das S,et al. A synergy of differential evolution and

bacterial foraging algorithm for global optimization. Neural Network World,2007,17(6):607-626.

[65] 姜飞,刘三阳. 混沌系统控制与同步的细菌觅食和差分进化混合算法. 计算物理,2010,6:933-939.

[66] Biswas A,Dasgupta S,Das S,et al. Synergy of PSO and bacterial foraging optimization-A comparative study on numerical benchmarks. Innovations in Hybrid Intelligent Systems,2007,44:255-263.

[67] Abraham A,Biswas A,Dasgupta S,et al. Analysis of reproduction operator in bacterial foraging optimization. IEEE Congress on Evolutionary Computation(CEC 2008),2008:1476-1483.

[68] Biswas A,Das S,Dasgupta S,et al. Stability analysis of the reproduction operator in bacterial foraging optimization. IEEE ACM International Conference on Soft Computing as Transdisciplinary Science and Technology(CSTST 2008),Paris,France,2008:568.575.

[69] Das S,Dasgupta S,Biswas A,et al. On stability of the chemotactic dynamics in bacterial foraging optimization algorithm. IEEE Transactions on Systems,Man,and Cybernetics-Part A:Systems and Humans,2009,39(3):670-679.

[70] Mishra S. A hybrid least square-fuzzy bacterial foraging strategy for harmonic estimation. IEEE Trans on Evolutionary Computation,2005,9(1):61-73.

[71] Mishra S,Bhende C N. Bacterial foraging technique-based optimized active power filter for load compensation. IEEE Transactions on Power Delivery,2007,22(1):457-465.

[72] Chatterjee A,Matsuno F. Bacteria foraging techniques for solving EKF-based SLAM problems. Proc International Control Conference (Control 2006),Glasgow,UK,2006.

[73] Acharya D P,Panda G,Mishra S,et al. Bacteria foraging based independent component analysis. International Conference on Computational Intelligence and Multimedia Applications. Los Alamitos:IEEE Press,2007:527-531.

[74] Chen H, Zhu Y, Hu K. Multi-colony bacteria foraging optimization with cell-to-cell communication for RFID network planning. Applied Soft Computing, 2010, 10:539-547.

[75] Dasgupta S, Biswas A, Das S, et al. Automatic circle detection on images with an adaptive bacterial foraging algorithm. 2008 Genetic and Evolutionary Computation Conference(GECCO 2008), 2008:1695-1696.

[76] DeJong K A, Spears W M, Gordon D F. Using genetic algorithms for concept learning. Machine Learning, 1993, 13(2,3):161-188.

[77] Janikow C Z. A knowledge-intensive genetic algorithm for supervised learning. Machine Learning, 1993, 13(2,3):189-228.

[78] Blum C. Beam-ACO-hybridizing ant colony optimization with beam search: an application to open shop scheduling. Computers & Operations Research, 2005, 32(6):1565-1591.

[79] 陈国良,王煦法,庄镇泉等. 遗传算法及其应用. 北京:人民邮电出版社,1996.

[80] Davis L. Handbook of Genetic Algorithms. New York: Van Nostrand Reinhold, 1991.

[81] Hirafuji M, Hagan S A. Global optimization algorithm based on the process of evolution in compl. es biological systems. Computers and Electronics in Agricul- ture, 2000, 29(1,2):125-134.

[82] Paul T K, Iba H. Gene selection for classification of cancers using probabilistic model buildinmg genetic algorithm. Biosystems, 2005, 82(3):208-225.

[83] Choi I C, Kim S I, Kim H S. A genetic algorithm with a mixed region search for the asymmetric traveling salesman problem. Computers & Operations Research, 2003, 30(5):773-786.

[84] Chellapilla K, Fogel D B. Exploring Self-adaptive methOds to improve the effi- ciency of generating approximate solutions to traveling salesman problems using evolutionary programming. Lecture Notes in Computer Science, 1997, 1213:36l- 371.

[85] 陈龙. 基于遗传算法的约束法多重 TSP 问题及其应用. 重庆邮电学院学报,

2000,12(2):67-70.

[86] Goldberg D E, Lingle R. Alleles, loci and traveling salesman problem. Interna- tional Conference on Genetic Algorithms and Their Applications, Mahwah,NJ,lawrence Eribaum Associate,1985:154-159.

[87] 陈国良,王煦法,庄镇全等. 遗传算法及其应用. 北京:人民邮电出版社,1996.

[88] Liang Y C,Ge H W,Zhou C G. Solving traveling salesman problems by algori- thms. Progress in Natural Science,2003,13(2):135-141.

[89] 高尚. 基于MATLAB遗传算法优化工具箱的优化计算[J]. 微型电脑应用,2002,18(8):52-54.

[90] 丁建立,陈增强,袁著祉. 遗传算法与蚂蚁算法的融合[J]. 计算机研究与发展,2003,40(9):1351-1356.

[91] 丁建立,陈增强,袁著祉. 遗传算法与蚂蚁算法融合的马尔可夫收敛性分析[J]. 自动化学报,2004,30(4):629-634.

[92] 姚俊峰,梅炽,彭小奇等. 混沌遗传算法及其应用[J]. 系统工程,2001,19(1):70-74.

[93] 王子才,张彤. 基于混沌变量的模拟退火优化方法[J]. 控制与决策,1999,14(4):382-384.

[94] 杨若黎,顾基发. 一种高效的模拟退火全局优化算法[J]. 系统工程理论与实践,1997,17(5):29-35.

[95] Dorigo, M. The ant system:Optimization by a colony of cooperating agents. IEEE Transactions on System, Man, and Cybernetics - Part B, 1996,26(1):1-13.

[96] Dorigo,M. Maniezzo V and Colorni A. The ant system:Optimization by a colony of cooperating agents. IEEE Transactions on Systems, Man, and Cybernetics -Part B,1996,26(1):29-41.

[97] 吴庆洪,张纪会,徐心和. 具有变异特征的蚁群算法. 计算机研究与发展,1999,36(10):1240-1244.

[98] 高尚,钟娟,莫述军. 微机发展,2003,13(1):21-22+69.

[99] 段海滨,马冠军,王道波等. 一种求解连续空间优化问题的改进蚁群算法. 系统仿真学报,2007,19(5):974-977.

[100] 康立山,谢云,尤矢勇等.模拟退火算法[M].北京:科学出版社,1994.

[101] 张国平,王正欧,袁国林.求解一类优化组合问题的混沌搜索法[J].系统工程理论与实践,2001,21(5):102-105.

[102] 李丽香.一种新的基于蚂蚁混沌行为的群智能优化算法及其应用研究:[博士学位论文].北京邮电大学,2006.

[103] 陈峻,章春芳.自适应的并行蚁群算法.小型微机计算机系统,2006,27(9):1695-1699.

[104] 杨勇,宋晓峰,王建飞等.蚁群算法求解连续空间优化问题.控制与决策,2003,18(5):573-576.

[105] 张勇德,黄莎白.多目标优化问题的蚁群算法研究.控制与决策,2005,20(2):170-176.

[106] Kennedy J,Eberhart R. Particle swarm optimization. Proceedings for the IEEE International Conference on Neural Networks, Perth, Australia, IEEE Servies Center,Piscataway,NJ,1995,4:1942-1948.

[107] Shi Y,Eberhart R C. A modified particle swarm optimization. Proceedings of IEEE International Conference on Evolutionary Computation, Anchorage,1998,69-73.

[108] Shi Y, Eberhart R C. Empirical study of particle swarm optimization. Proceedings of the 1999 Congress on Evolutionary Computation-CEC99 (Cat No 99TH8406),1999,3:1945-1950.

[109] Clerc M. The swarm and the queen:Towards a deterministic and adaptive particle swarm optimization. Proceedings of the Congress of Evolutionary Computation,Washington,1999:1951-1957.

[110] Clerc M, Kennedy J. The particle swarm-explosion, stability and convergence in a multidimensional complex space. IEEE Trans on Evolutionary Computation,2002,6(1):58-73.

[111] Eberhart R C,Shi Y. Comparing inertia weights and constriction factors in particls swarm optimization. Proceedings of the 2000 Congress on Evolutionary Computation. CEC00(Cat No 00TH 8512),2000,1:84-88.

[112] Chen A L, Yang G K, Wu Z M. Hybrid discrete particle swarm optimization algorithm for capacitated vehicle routing problem. 浙江大学

学报,A 卷英文版,2006,7(4):607-614.

[113] 庞巍,王康平,周春光,等.模糊离散粒子群优化算法求解旅行商问题.小型微型计算机系统,2005,26(8):1331-1334.

[114] Angeline P J. Using selection to improve particle swarm optimization. IEEE International Conference on Evolutionary Computation,Anchorage, 1998:84.89.

[115] 杨若黎,顾基发.一种高效的模拟退火全局优化算法系统工程理论与实践,1997,17(5):29-35.

[116] 王子才,张彤,王宏伟.基于混沌变量的模拟退火优化方法.控制与决策, 1999,14(4):381-384.

[117] 姚俊峰,梅炽,彭小奇,等.混沌遗传算法及其应用系统工程,2001,19(1): 70-74.

[118] 许耀华,胡艳军,张媛媛.基于离散粒子群优化算法的 CDMA 多用户检测方法.通信学报,2005,26(7):109-122.

[119] Yang S,Wang M,Jiao L. A quanturn particle swarm optimization. Proceeding of the 2004 IEEE Congress on Evolutionaly Computation, 2004,1:320-324.

[120] 高鹰,谢胜利.混沌粒子群优化算法.计算机科学,2004,31(8):13-15.

[121] 高鹰,谢胜利.基于模拟退火的粒子群优化算法.计算机工程与应用, 2004.1:47-50.

[122] Ji Z,Liao H L,Wang Y W,et al. A novel intelligent particle optimizer for global optimization of multimodal functions. IEEE Congress on Evolutionary Computation,Singapore,2007.

[123] Jie Hu,Xiangjin Zeng. A hybrid PSO-BP algorithm and its application. 2010 Six International Conference on Natural Computation(ICNC 2010), 2010,5:2520-2523.

[124] 王联国,施秋红.人工鱼群算法的参数分析.计算机工程,2010,36(24): 169-171.

[125] 李晓磊,邵之江,钱积新.一种基于动物自治体的寻优模式:鱼群算法.系统工程理论与实践,2002,22(11):32-38.

[126] 李晓磊,钱积新.基于分解协调的人工鱼群优化算法研究.电路与系统学

报,2003,8(1):1-6.

[127]   李晓磊.一种新型的智能优化方法——人工鱼群算法:[博士学位论文].杭州:浙江大学,2003.

[128]   李晓磊,路飞,田国会等.组合优化问题的人工鱼群算法应用.山东大学学报(工学版),2004,34(5):65-67.

[129]   李晓磊,薛云灿,路飞等.基于人工鱼群算法的参数估计方法.山东大学学报(工学版),2004,34(3):84-87.

[130]   李晓磊,冯少辉,钱积新等.基于人工鱼群算法的鲁棒 PID 控制器参数整定方法研究.信息与控制,2004,33(1):112-115.

[131]   马建伟,张国立,谢宏等.利用人工鱼群算法优化前向神经网络.计算机应用,2004,24(10):21-23.

[132]   张梅凤.人工鱼群智能优化算法的改进及应用研究:[博士学位论文].大连理工大学,2007.

[133]   刘耀年,庞松岭,刘岱.基于人工鱼群算法神经网络的电力系统短期负荷预测.电工电能新技术,2005,24(4):5-8.

[134]   黄光球,姚玉霞,任燕.用鱼群算法求解多级递阶物流中转运输系统优化问题.计算机应用,2007,27(7):1732-1737.

[135]   Jie Hu,Xiangjin Zeng,Jiaqing Xiao. Artificial fish school algorithm for function optimization. 2nd International Conference on Information Engineering and Computer Science(ICIECS2010),2010,5:1556.1557.

[136]   刘双印.免疫人工鱼群神经网络的经济预测模型.计算机工程与应用,2009,45(29):226-229.

[137]   Passino K M. Biomimicry of bacterial foraging for distributed optimization and control. IEEE Control Systems Magazine,2002,22:52-67.

[138]   Brits R,Engelbrchta P,Bergh F D. A niching particle swarm optimizer. Proceedings Conf. on Simulated Evolution and Learning,Singapore,IEEE Inc,2002:1037-1040.

[139]   李亚楠.菌群优化算法的研究:[硕士学位论文].哈尔滨工业大学,2009,15.

[140]   Larranaga P,Lozano J A. Estimation of distribution algorithms:a new tool for evolutionary computation. Boston:Kluwer Academic Publishers,2002.

［141］ 纪震,廖惠连,吴青华.粒子群算法及应用.北京:科学出版社,2009.

［142］ Tang W J,Wu Q H,Saunders J R. Bacterial foraging algorithm for dynamic environment. Proc. of IEEE Congress on Evolutionary Computation. Canada:IEEE Press,2006:4467-4473.

［143］ Maclin R,Opitz D. An empirical evaluation of bagging and boosting. In Proceedings of the 14th National Conference on Artificial Intelligence. 1997. Providence. RI.

［144］ Freund Y,Schapire R. Experiments with a New Boosting Algorithm. In Proceedings of the International Conference in Machine Learning. 1996. Sanfrancisco,CA:Morgan Kaufmann.

［145］ Zhou Z H,Tang W. Selective ensemble of decision trees. In 9th International Conference on Rough Sets,Fuzzy Sets,Data Mining and Granular Computing,May 2003. Chongqing,China.

［146］ Lee C G,Cho D H,Jung H K. Niche genetic algorithm with restricted competition selection for multimodal function optimization. IEEE Trans on Magnetics,1999,35(3):1122-1125.

［147］ 贾东立,张家树.基于混沌变异的小生境粒子群算法.控制与决策,2007, 22(1):117-120.

［148］ De Jong. Analysis of the behavior of a class of genetic adaptive systems, University of Michigan,Ann Arbor,1975.

［149］ Mishra S. A hybrid least square-fuzzy bacterial foraging strategy for harmonic estimation. IEEE Trans on Evolutionary Computation,2005,9 (1):61-73.

［150］ Datta T,Misra I S,Mangaraj B B,et al. Improved adaptive bacteria foraging algorithm in optimization of antenna array for faster convergence. Progress in Electromagnetics Research C,2008,1:143-157.

［151］ Dasgupta S,Biswas A,Abraham A,et al. Adaptive computational chemotaxis in bacterial foraging optimization:An analysis. CISIS-2008, Barcelona,Spain:IEEE Computer Society Press,2008:64-71.

［152］ Das S,Biswas A,Dasgupta S,et al. Bacterial foraging optimization algorithm:Theoretical foundations,analysis,and applications. Foundations of Compute Intel, 2009, 3:23-55.

[153] Chen H, Zhu Y, Hu K. Self-adaptation in bacterial foraging optimization algorithm. 2008 3rd International Conference on Intelligent System and Knowledge Engineering(ISKE 2008), 2008:1026-1031.

[154] Shao Y, Chen H. The optimization of cooperative bacterial foraging. World Congress on Software Engineering, 2009, 2:519-523.

[155] Chen H, Zhu Y, Hu K, et al. Cooperative approaches to bacterial foraging optimization. LNCS 5227:ICIC, 2008:541-548.

[156] Chen H, Zhu Y, Hu K. Cooperative bacterial foraging optimization. Discrete Dynamics in Nature and Society, 2009:1-17.

[157] Shao Y, Chen H. A novel cooperative bacterial foraging algorithm. Proceedings of 2009 4th International Conference on Bio-Inspired Computing:Theories and Applications BIC-TA 2009, 2009:44-47.

[158] Tang W J, Wu Q H, Saunders J R. A novel model for bacteria foraging in varying environments. LNCS 3980:ICCSA 2006, 2006:556-565.

[159] Jie Hu. Bacteria foraging algorithm for function optimization. Procedia Engineering, 2011, 15:2906. 2906.

[160] Maclin R, Opitz D. An empirical evaluation of bagging and boosting. In Proceedings of the 14th National Conference on Artificial Intelligence. 1997. Providence. RI.

[161] Freund Y, Schapire R. Experiments with a New Boosting Algorithm. In Proceedings of the International Conference in Machine Learning. 1996. Sanfrancisco, CA:Morgan Kaufmann.

[162] Zhou Z H, Tang W. Selective ensemble of decision trees. In 9th International Conference on Rough Sets, Fuzzy Sets, Data Mining and Granular Computing, May 2003. Chongqing, China.

[163] Norio Baba. A new approach for finding the global minimum of error function of neural networks. Neural Networks, 1989, 5(2):367-373.

[164] Stager F and Agarwal M. Three methods to speed up the training of feedforward and feedback perceptions. Neural Networks, 1997, 10(8): 1435- 1444.

[165] Tollenaere T. SuperSAB: Fast adaptive back propagation with good scaling properties. Neural Networks,1990,5(3):561-573.

[166] Wang Jianmei, Qin Wenzhong. BP neural network classifier based on levenberg- marquardt algorithm. Wuhan Daxue Xuebao (Xinxi Kexue Ban)/Geomatics and Information Science of Wuhan University,2005,30 (10):928-931.

[167] Li Jiongcheng, Huang Hanxiong. QLMBP: A quick BP neural network algorithm. Huanan Ligong Daxue Xuebao/Journal of South China University of Technology(Natural Science),2006,34(6):49-54.

[168] Chang Hong, Wei Xiaoliang, Feng Zuren. Optimum associative neural network utilizing maximum likelihood. 2nd International Work- Conference on the Interplay Between Natural and Artificial Computation, 2009,72(4):1274-1282.

[169] Castro J R,Castillo O,Melin P. Intelligent control using an interval type-2 fuzzy neural network with a hybrid learning algorithm. 2008 IEEE International Conference on Fuzzy Systems,2008,5(1):893-900.

[170] Manshad A K, Ashoori S, Edalat M. Application of artificial neural networks(ANN) and genetic programming neural network(GPNN)for prediction of wax precipitation in crude oil systems. Proceedings of the 6th IASME/WSEAS International Conference on Heat Transfer, Thermal Engineering and Environment(HTE'08),2008:488-497.

[171] Lü J,Chen G. A time-varying complex dynamical network models and its controlled synchronization criteria. IEEE Transactions on Automatic Control,2005,50(6):841-846.

[172] Lü J,Yu X H,Chen G,Cheng D Z. Characterizing the synchronizability of small-world dynamical networks. IEEE Transactions on Circuits and Systems I,2004,51(4):787-796.

[173] Al Salameh M S, Al Zuraiqi E T. Solutions to electromagnetic compatibility problems using artificial neural networks representation of vector finite element method. IET Microwaves, Antennas & Propagation, 2008,4(2):348-357.

[174] Vasilaki E, Fusi S, Wang Xiaojing, Senn W. Learning flexible sensori-motor mappings in a complex network. Biological Cybernetics, 2009, 100 (2):147-158.

[175] Wolpert D H, Macready W G. No free lunch theorems for optimization. IEEE Transactions on Evolutionary Computation, 1997, l(l):67-82.

[176] 高芳清,金建明,高淑英. 基于模态分析的结构损伤检测方法研究. 西南交通大学学报. 1998,33(l):108-113.

[177] 袁明,贺国京. 基于模态应变能的结构损伤检测方法研究. 铁道学报. 2002,24(2):92-94.

[178] 董聪. 现代结构系统可靠性理论及其应用. 北京:科学出版社,2001.

[179] Wu X, Ghaboussi J, Garrett J H. Use of neural networks in detection of structural damage. Computers & Structures. 1992,42:649-659.

[180] Elkordy M F, Chang K C, Lee G C. Neural networks trained by analytically simulated damage states. Journal of Computing in Civil Engineering, ASCE. 1993,7:130-145.

[181] Barai S V, Pandey P C. Vibration signature analysis using artificial networks. Computing in Civ. Engrg. , ASCE. 1995,9:259-265.

[182] Zhao J, Ivan J N, Dewolf J T. Structural damage detection using artificial neural networks. Journal of Infrastructure System, 1998,4:93-101.

[183] Kaminski P C. The approximation location of damage through the analysis of natural frequencies with artificial neural networks. Journal of Process Mechanical Engineering. 1995,209(E2):117-124.

[184] Lam H F, Ko J M, Wong C W. Localization of damaged structural connections based on experimental modal and sensitivity analysis. Journal of Sound and Vibration. 1998,210(1):91-115.

[185] Hu Jie, Zeng Xiangjin. An efficient activation function for BP neural network. The First International Workshop on Intelligent Systems and Applications(ISA2009),2009,2:1587. 1590.

[186] Hu Jie, Zeng Xiangjin. BP neural network model based on phase space reconstruction. 2009 2nd International Conference on Biomedical Engineering and Informatics(BMEI 2009),2009,4:2186. 2186.

[187] 胡洁,曾祥金.一种快速且全局收敛的 BP 神经网络学习算法.系统科学与数学,2010,30(5):606.610.

[188] Chen S, Lü J. Parameters identification and synchronization of chaotic systems based upon adaptive control. Physics Letters A,2002,299(4):353-358.

[189] Lü J H,Zhou T S,Zhang S C. Controlling the Chen attractor using linear feedback based on parameter identification. Chinese Physics,2002,11(1):12-16.

[190] Lü J H, Zhang S C. Controlling Chen's chaotic attractor using back stepping design based on parameters identification. Physics Letters A, 2001,286:148-152.

[191] Lu J A,Tao C H,Lü J H,et al. Parameter identification and tracking of a unified system. Chin. Phys. Lett. ,2002,19(5):632-635.

[192] 关新平,彭海朋,李丽香等.Lorenz 混沌系统的参数辨识与控制.物理学报,2001,50(1):26-29.

[193] Annan J D, Hagreves J C. Efficient parameter estimation for a highly chaotic system. Tellus A,2004,56(5):520-526.

[194] Fotsin H B, Dafouz J. Adaptive synchronization of uncertain chaotic colpitts oscillators based on parameter identification. Physics Letters A, 2005,339(3-5):304-315.

[195] Kristinsson K, Dumont G A. System identification and control using genetic algorithm,IEEE Transactions on Systems Man and Cybernetics, 1992,22(5):1033-1046.

[196] Narendra K S, Parthasarathy K. Identification and control of dynamic systems using neural networks,IEEE Trans. Neural Networks,1990,1(3):4-27.

[197] 吴明光,陈曦,王明兴等.基于禁忌搜索算法的系统辨识.电路与系统学报,2005,10(2):105-111.

[198] 柯晶,钱积新.应用粒子群优化的非线性系统参数辨识.电路与系统学报,2003,8(4):12-16.

[199] 李言俊.系统辨识理论及应用.北京:国防工业出版社,2003.

[200] Huang D, Guo R. Identifying parameter by identical synchronization between different systems. Chaos, 2004, 14(1): 152-159.

[201] Feng J, Chen S, Wang C. Adaptive synchronization of uncertain hyperchaotic systems based on parameter identification. Chaos, Solitons & Fractals, 2005, 26: 1163-1169.

[202] Tao C, Zhang Y, Du G, et al. Estimating model parameters by chaos synchronization. Physical Review E, 2004, 69(3): 036204.

[203] Yang Y, Ma X K, Zhang H. Synchronization and parameter identification of high-dimensional discrete chaotic systems via parametric adaptive control. Chaos, Solitons and Fractals, 2006, 28(1): 244-251.

[204] Huang L, Wang M, Feng R. Parameters identification and adaptive synchronization of chaotic systems with unknown parameters. Physics Letters A, 2005, 342(4): 299-304.

[205] Fotsin H B, Woafo P. Adaptive synchronization of a modified and uncertain chaotic Van der Pol-Duffing oscillator based on parameter identification. Chaos, Solitons and Fractals, 2005, 24(5): 1363-1371.

[206] 王兴元, 武相军. 不确定 Chen 系统的参数辨识与自适应同步. 物理学报, 2006, 55(2): 605-609.

[207] Vassiliadis D. Parametric adaptive control and parameter identification of low dimensional chaotic systems. Physica D: Nonlinear Phenomena, 1994, 71(3): 319-341.

[208] 李秀英, 韩志刚. 非线性系统参数辨识方法的新进展. 自动化技术与应用, 2004, 23(10): 5-7.

[209] Parlitz U. Estimating model parameters from time series by auto synchronization. Phys. Rev. Lett., 1996, 76(8): 1232-1235.

[210] Baker G L, Gollub P J, Blackburn J A. Inverting chaos: Extracting system parameters from experimental data. Chaos, 1996, 6(4): 528-533.

[211] Palaniyandi P, Lakshmanan M. Estimation of systems in discrete dynamical systems from time series. Phys. Lett. A, 2005, 342: 134-139.

[212] Suarez-Castanon M S, Aguilar-Ibanez C, Flores-Ando F. Reconstructing the states and parameters of Chua's system based on successive

integrations of the output. Phys. Lett. A,2003,317:265-274.

[213] Chang W D. Parameter identification of Rossler's chaotic system by an evolution-ary algorithm. Chaos, Solitons&Fractals, 2006, 29（5）: 1047-1053.

附　录

本书所采用的基准测试函数如下：

1. f_1：Generalized Rosenbrock 函数

函数表达式

$$f(x) = \sum_{i=1}^{n-1} \left[100\,(x_{i+1} - x_i^2)^2 + (x_i - 1)^2 \right]$$

搜索范围　　　　　　　　$-30 \leqslant x_i \leqslant 30$

全局最优值　　　　　　　$\min(f) = f(0, 10, \cdots, 0) = 0$

函数简介：该函数是很难极小化的典型病态二次函数，其全局最优与可到达的局部最优之间有一道狭窄的山谷，曲面山谷中的点的最速下降方向几乎与到函数最小值的最好方向垂直。由于该函数对搜索提供很少信息，使算法很难辨别搜索方向，找到全局最优点的几乎微乎其微，因此这个函数通常用来评价优化算法的执行性能。图 1 给出了该函数维数为 2 时的图形。

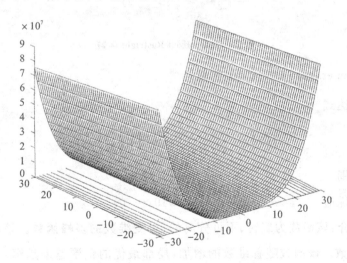

图 1　Generalized Rosenbrock 函数

2. f_2：Generalized Rastrigin 函数

函数表达式

$$f(x) = \sum_{i=1}^{30} [x_i^2 - 10\cos(2\pi x_i) + 10]$$

搜索范围 $\qquad -5.12 \leqslant x_i \leqslant 5.12$

全局最优值 $\qquad \min(f) = f(0, 10, \cdots, 0) = 0$

函数简介:该函数基于 Sphere 函数的基础上,使用了余弦函数来产生大量的局部最小值,该函数是一个典型的具有大量局部最优点的复杂多峰函数,该函数很容易使算法陷入局部最优,而不能得到全局最优解。图 2 给出了该函数维数为2 时的图形。

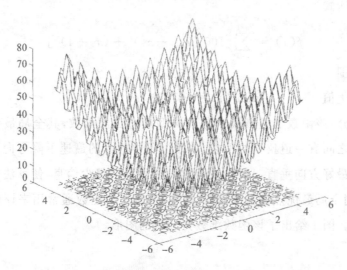

图 2 Generalized Rastrigin 函数

3. f_3:Generalized Griewank 函数

函数表达式

$$f(x) = \frac{1}{4000} \sum_{i=1}^{n} x_i^2 - \prod_{i=1}^{n} \left(\frac{x_i}{\sqrt{i}} \right) + 1$$

搜索范围 $\qquad -600 \leqslant x_i \leqslant 600$

全局最优值 $\qquad \min(f) = f(0, 10, \cdots, 0) = 0$

函数简介:该函数为旋转、不可分离的、可变维数的多峰函数。该函数类似于Rastrigin 函数。该函数随着维数的增加,局部最优的范围越来越窄,从而使得找寻全局最优值就会变得相对容易。因为随着维数的增加,忽略局部最小区域的可能性也就越大。图 3 给出了该函数维数为 2 时的图形。

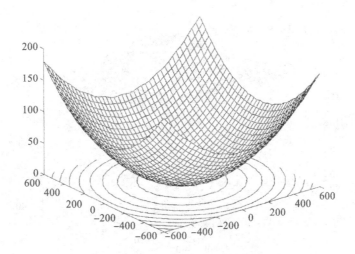

图 3   Generalized Griewank 函数

4. f_4 : Ackley 函数

函数表达式

$$f(x) = -20\exp\left[-0.2\sqrt{\frac{1}{30}\sum_{i=1}^{n}x_i^2}\right] - \exp\left(\frac{1}{30}\sum_{i=1}^{n}\cos 2\pi x_i\right) + 20 + e$$

搜索范围 $-32 \leqslant x_i \leqslant 32$

全局最优值 $\min(f) = f(0,10,\cdots,0) = 0$

函数简介:该函数为连续、旋转、不可分离的多峰函数。主要通过一个余弦波形来调整指数函数。其全局最优值落在边缘上,如果算法的初始值落在边缘上,那么就会很容易地解决这种问题。最初该函数是二维的,但这里的形式更普遍,且维数可以调整。该函数的拓扑结构的特征是:外部区域几乎平坦(由于主导函数是指数函数),中间出现一个孔或者峰(由于余弦波形的调整),从而变得不平滑。这个多峰函数具有大量局部最优点。图 4 给出了该函数维数为 2 时的图形。

5. f_5 : Shubert 函数

函数表达式

$$f(x) = \left(\sum_{i=1}^{5}i\cos((i+1)x_1+i)\right)\left(\sum_{i=1}^{5}i\cos((i+1)x_2+i)\right)$$

搜索范围 $-10 \leqslant x_i \leqslant 10$

全局最优值 $\min(f) = -186.7309$

函数简介:该函数有 760 个局部极小值点,其中只有一个全局最小点 $(-1.42513, -0.80032)$,最小值为 -186.7309,该函数容易陷入局部极小值 -186.34。图 5 给出了该函数维数为 2 时的图形。

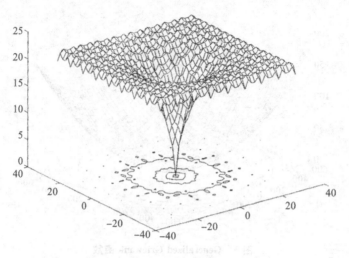

图 4　Ackley 函数

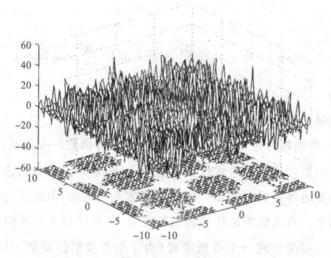

图 5　Shubert 函数

6. f_6：Sphere Model 函数

函数表达式

$$f(x) = \sum_{i=1}^{n} x_i^2$$

搜索范围　　　　　　　$-100 \leqslant x_i \leqslant 100$

全局最优值　　　　　　$\min(f) = f(0, \cdots, 0) = 0$

　　函数简介:该函数为非线性的对称单峰函数,不同维之间是可分离的。该函数相对比较简单,大多数算法都能够轻松地达到优化效果,其主要用于测试算法的寻优精度。图 6 给出了该函数维数为 2 时的图形。

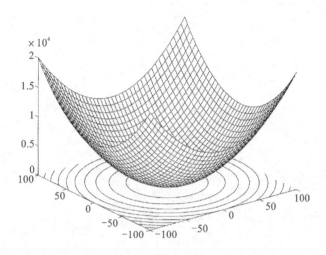

图 6   **Sphere Model**

7. f_7：Quartic 函数 i. e. noise

函数表达式

$$f_7(x) = \sum_{i=1}^{n} ix_i^4 + \text{random}[0,1]$$

搜索范围 $-1.28 \leqslant x_i \leqslant 1.28$

全局最优值 $\min(f) = f(0,10,\cdots,0) = 0$

函数简介：该函数为带噪声的四次方程，其中 random[0,1) 为一致分布的随机变量，其变化范围为[0,1)。该函数含有一个随机噪声的变量，通常用来衡量优化算法在处理含有大量噪声的单峰测试函数时的性能。图 7 给出了该函数维数为 2 时的图形。

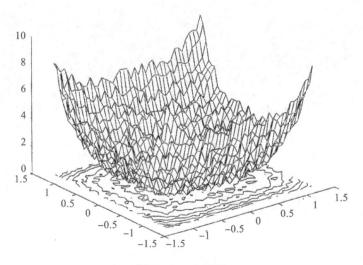

图 7   **Quartic 函数**